개정판

편미분방정식

양춘우 지음

Partial differential equation

KYOWOO

머리말

편미분방정식(偏微分方程式, PDE)은 2개 이상의 여러 독립변수들을 가진 함수에 대한 편미분을 포함한 방정식을 가리킨다. 오직 하나의 독립변수를 가진 함수에 관한 미분(도함수)을 포함한 상미분방정식(常微分方程式, ODE)과는 다르게 편미분방정식은 여러 개의 변수들에 대한 편미분들을 포함한다는 것이 특징이다.

편미분방정식은 유체의 흐름, 열전도, 전자기장, 양자역학 등을 포함한 수많은 물리적인 현상들을 규명하는 데에 쓰일 뿐만 아니라 이나 생물학, 화학, 지구과학 등의 모든 자연과학 분야와 경제·경영, 통계학, 사회학 등의 분야에서도 많이 활용되고 있다.

편미분방정식 문제를 푼다는 것은 초기조건이나 경계조건들이 병행해서 주어진 방정식을 만족하는 함수를 구하는 구하는 일이다. 이 분야는 다양한 형식의 방정식들을 푸는 데에 이용되는 여러 가지 기법들을 터득해야 하는 매우 도전적인 일이며 앞으로 해결해야만 할 일들이 가장 많은 분야이기도 하다.

이 책은 순수 수학적인 이론중심 보다는 이미 알려진 이론과 기법들을 써서 여러 가지 문제들을 푸는 방법에 초점을 맞춘 해법과 응용들을 다루는 교재로서 학부 3, 4년과 대학원 석사과정 학생들을 위한 한 학기용 교재로 이용하기에 적합하도록 하였다.

1장은 편미분과 관련된 기본개념들을 소개한 것으로서 미분적분학과 다변수함수론 및 상미분방정식에 관한 내용들을 어느 정도 숙지하고 있는 독자라면 쉽게 이해할 수 있을 것이다.

2장과 3장은 이 책에서 다루는 가장 핵심적인 내용들로서 1계와 2계의 편미분방정식의 해를 구하는 방법들을 유형별로 소개한 후 n-계 방정식의 해법으로 일반화할 수 있는 내용을 다룬다.

4장과 5에서는 6장에서 소개하는 변수분리형 편미분방정식의 해법을 구할 때 중요하게 쓰이는 주기함수들에 대한 푸리에 급수전개에 관한 이론들을 소개하였다.

6장은 1계와 2계의 변수분리형 편미분방정식의 해를 변수분리법을 써서 구하는 방법들을 소개하고 있다.

7장과 8에서는 물리학, 전자공학 등에서 널리 활용하는 경계값 문제인 2계 선형 편미분방정식의 해를 가중함수라고 불리우는 그린 함수(Green's functiuon)를 이용해서 해를 구하는 아주 독특한 이론을 소개하였다.

끝으로 이 책이 출간될 수 있도록 여러 모로 수고해 주신 도서출판 교우사 오판근 사장님 그리고 남궁양 마케팅부 부장님과 편집부 이소정 선생님께 감사를 드립니다.

2023년 2월

저자 양 춘 우

차 례

제 1 장 기본 개념 **1**

1.1 2변수 함수의 그래프 4
1.2 2변수 함수의 극한과 연속성 6
1.3 편도함수(partial derivatives) 11
1.4 일반화된 미분의 기본개념과 표현 17
1.5 편미분방정식의 분류 21
1.6 편미분방정식의 해 27
1.7 적합한 문제와 부적합 문제 29
1.8 편미분 방정식에 대한 여러 가지 해법들 31
1.9 결론 32
1.10 연습문제 33

제 2 장 1계 편미분방정식 **37**

2.1 수송방정식 37
2.2 특성선법(method of characteristics) 43
2.3 선형방정식의 해법 45
2.4 반선형 방정식의 해법 60
2.5 준선형 방정식의 해법 65
2.6 완전비선형 방정식의 해법 70
2.7 n-변수를 갖는 1계 PDE에 대한 해법 80
2.8 연습문제 83

제 3 장 2계 편미분방정식 **87**

3.1 2계 선형방정식의 유형과 변환 88

3.2 반선형 방정식 103

3.3 준선형 방정식 108

3.4 특성선의 갯수와 경계조건 109

3.5 코쉬의 경계조건 110

3.6 연습문제 112

제 4 장 푸리에 급수 **115**

4.1 푸리에 급수의 정의 115

4.2 우함수와 기함수에 대한 푸리에 급수전개 117

4.3 복소수 푸리에 급수 120

4.4 연습문제 121

제 5 장 푸리에 적분과 변환 **125**

5.1 푸리에 적분 125

5.2 푸리에 변환 128

5.3 연습문제 131

제 6 장 변수분리법 **135**

6.1 열방정식의 해 135

6.2 파동방정식의 해 139

6.3 라플라스 방정식의 해 144

6.4 연습문제 149

제 7 장 스텀-리우빌 이론과 그린 함수 **153**

7.1 진동과 분리이론 153

분리 이론(Separation Theorems) 155

진동이론(Oscillation Theory) 156

7.2 경계값 문제 160

7.3 스텀-리우빌의 경계값문제 163

7.4 고유값 문제 171

7.5 스텀-리우빌 문제 173
7.6 스펙트럼 이론(spectral theory) 176
7.7 그린 함수 179
7.8 연습문제 191

제 8 장 스텀-리우빌의 특이문제 **193**
8.1 르장드르의 고유값 문제 193
8.2 베셀 연산자의 고유값 문제 195
8.3 고유함수들의 직교성 198
8.4 스텀-리우빌 문제의 고유함수 전개식 204
8.5 연습문제 204

부 록 **207**
그리스 문자 207
기호표 208
참고문헌 210

찾아보기 **211**

제 1 장

기본 개념

상미분방정식(常微分方程式, ODE)은 단 하나의 독립변수 x와 x의 함수인 종속변수 u를 포함하는 식으로 표현된다. 이러한 방정식들에는 독립변수 x에 관한 어떤 함수 u의 미분 $u' = \frac{du}{dx}, u'' = \frac{d^2u}{dx^2}, u''' = \frac{d^3u}{dx^3}, \ldots$등이 포함된다.

따라서 변수 x와 종속변수 u 그리고 u의 미분들을 포함하는 방정식을 가리켜서 **상미분방정식**이라 일컫는다. 상미분방정식의 예로는

$$
\begin{aligned}
&u'(x) = u(x),\\
&u''(x) + 2u(x) = e^x,\\
&u''(x) + x(u'(x))^2 + \sin u(x) = \ln x
\end{aligned}
$$

등을 들 수 있다. 상미분방정식의 일반적인 형식은

$$
F(x, u, u', u'', \ldots, u^{(n)}) = 0 \tag{1.1}
$$

의 형태로 표현된다.

편미분방정식(偏微分方程式, PDE)이란 2개 이상의 독립변수 $x, y, \ldots$에 관한 함수의 편미분들을 포함하는 방정을 말한다. 두 개의 독립변수 x와 y의 함수 $u = u(x, y)$에 대한 1계 편도함수를 $\frac{\partial u}{\partial x} = u_x$와 $\frac{\partial u}{\partial y} = u_y$로 표현했을 때, $u(x, y)$에 관한 1계 편미분방정식의 일반적인 형식은 다음과 같다.

$$
F(x, y, u, u_x, u_y) = 0. \tag{1.2}
$$

비록 우리가 원하는 만큼의 여러 개의 독립변수를 가진 편미분방정식을 공부할 수도 있겠으나, 이 책에서는 2개의 독립변수를 가진 편미분방정식에 대해서만 생각하기로 한다. 방정식 (1.2)의 해(solution)란 변수 x와 y의 모든 값에 대해서 식 (1.2)을 만족하는 함수 $u(x, y)$를 말한다. 몇 가지 편미분방정식의 예로

$u_x + u_y = 0$	Transport equation	(1.3)
$u_t + uu_x = 0$	Burger's inviscid equation	(1.4)
$u_{xx} + u_{yy} = 0$	Laplace equation	(1.5)
$u_{tt} - u_{xx} = 0$	Wave equation	(1.6)
$u_t - u_{xx} = 0$	Heat equation	(1.7)
$u_t + uu_x + u_{xxx} = 0$	KdV equation	(1.8)
$Iu_t - u_{xx} = 0$	Shrödinger's equation	(1.9)

등을 볼 수 있다.

주어진 편미분방정식의 해를 구하는 것이 쉬운 일은 아니지만, 해가 일단 구해지면 그 해가 참인지 아닌지는 쉽게 판정할 수 있다. 예를 들면, 간단히 함수 $u(t, x) = e^{t-x}$를 주어진 식 (1.6)에 대입했을 때

$$(e^{t-x})_{tt} - (e^{t-x})_{xx} = e^{t-x} - e^{t-x} = 0$$

이므로, $u(t, x) = e^{t-x}$가 식 (1.6)가 해라고 확정할 수 있다.

편미분 방정식(偏微分方程式, PDE)은 수학에서 여러 개의 독립 변수로 구성된 함수와 그 함수의 편도함수들로 구성된다. 편미분방정식은 각 변수들의 상관관계를 고려하지 않고 변화량을 보고 싶을 때 이용할 수 있으며 상미분방정식에 비해 응용범위가 훨씬 크다. 소리나 열의 전파 과정, 전자기학, 유체역학, 양자역학 등 수많은 역학계에 관련된 예가 많다.

편미분방정식은 자연현상을 분석하기 위한 수학적인 도구로 이용되며 자연계를 수학적으로 분석해서 이해하는 과정은 대략 다음과 같은 3단계로 이루어진다.

(1단계) 분석하고자 하는 자연계를 수학적인 방정식(PDE)으로 전환(모델링)시킨다. 이러한 전환과정은 뉴턴의 법칙, 관성의 법칙, 질량이나 에너지 보존의 법칙과 같은 물리적인 법칙 등을 통해서 이루어 진다.

(2단계) 수학적으로 모델화된 문제를 푼다.

(3단계) 편미분방정식의 해에 대한 성질들을 분석한다. 경우에 따라서는 해가 간단한 함수나 공식으로 표현되지 않을 수도 있다. 이러한 경우에는 여러 가지 다른 수학적인 방법들을 써서 해에 관한 정보를 얻는다.

수의 집합을 나타내는 기호들

수학에서 자주 사용하는 기호를 다음과 같이 배정해 나타 내기로 한다.

- $\mathbb{Z}$: 정수 전체집합,
  $\mathbb{Z}_- = \{n \in \mathbb{Z} : n < 0\}$, $\mathbb{Z}_+^* = \{n \in \mathbb{Z} : n \geq 0\}$,
  $\mathbb{Z}_-^* = \{n \in \mathbb{Z}\ n \leq 0\}$.
- $\mathbb{N} = \mathbb{Z}_+$: 자연수 전체집합.
- $\mathbb{Q}$: 유리수 전체집합, $\mathbb{Q}^c$: 무리수 전체집합
  $\mathbb{Q}_+ = \{r \in \mathbb{Q} : r > 0\}$, $\mathbb{Q}_- = \{r \in \mathbb{Q} : r < 0\}$,
  $\mathbb{Q}_+^* = \{r \in \mathbb{Q} : r \geq 0\}$, $\mathbb{Q}_-^* = \{r \in \mathbb{Q} : r \leq 0\}$.
- $\mathbb{R}$: 실수 전체집합
  $\mathbb{R}_+ = \{x \in \mathbb{R} : x > 0\}$, $\mathbb{R}_- = \{x \in \mathbb{R} : x < 0\}$,
  $\mathbb{R}_+^* = \{x \in \mathbb{R} : x \geq 0\}$, $\mathbb{R}_-^* = \{x \in \mathbb{R} : x \leq 0\}$.
- $\mathbb{C}$: 복소수 전체집합.

1.1 2변수 함수의 그래프

우리는 흔히 1변수 함수를 이해하고 설명하기 위한 수단으로 2차원 평면에 나타나는 그래프를 이용한다. 2변수 함수에 대해서도 3차원 공간에 그려야 하기 때문에 좀 어렵기는 해도 1변수 함수처럼 그래프를 그려서 이해할 수 있다.

먼저 1변수 함수 $f : X \to Y$, $(X, Y \subseteq \mathbb{R})$의 **그래프**(graph)는

$$G_f = \{(x, y) \in X \times Y \,|\, y = f(x)\}$$

로 정의됨을 상기하자.

[정의 1.1] 2변수 함수 $f : \mathbb{R}^2 \to \mathbb{R}$의 그래프는 다음과 같이 정의된다.

$$G_f = \{(x, y, z) \in \mathbb{R}^3 \,|\, (x, y) \in \mathbb{R}^2,\ z = f(x, y)\}.$$

2변수 함수의 그래프는 일반적으로 3차원 공간 $\mathbb{B}^3$에서 2차원적인 곡면(surface)으로 나타난다.

[예제 1.1] 세 함수 $z = x^2 + y^2$, $z = x + y$, $z = \sqrt{9 - x^2 - y^2}$의 그래프는 다음과 같다.

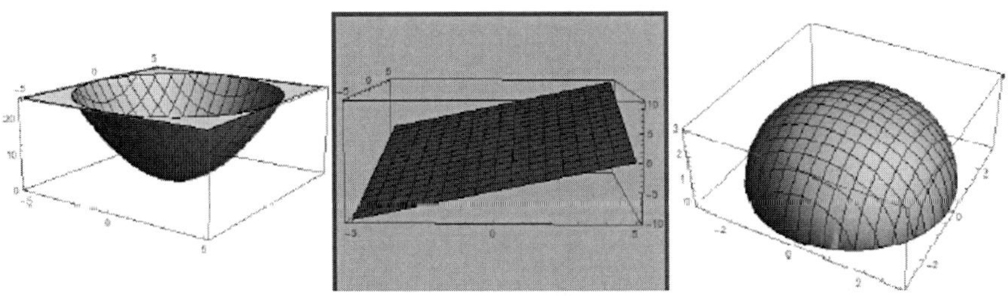

참고 $n \geq 4$일 때, $\mathbb{R}^n$의 좌표계를 시각적으로 표현할 수 없기 때문에, 3변수 이상의 다변수함수에 대한 그래프를 그리는 것은 불가능하다.

[예제 1.2] 세 함수 $g(x,y) = x^2 + y^2 + 3$, $h(x,y) = 5 - x^2 - y^2$, $k(x,y) = x^2 + (y-1)^2$의 그래프는 다음과 같다.

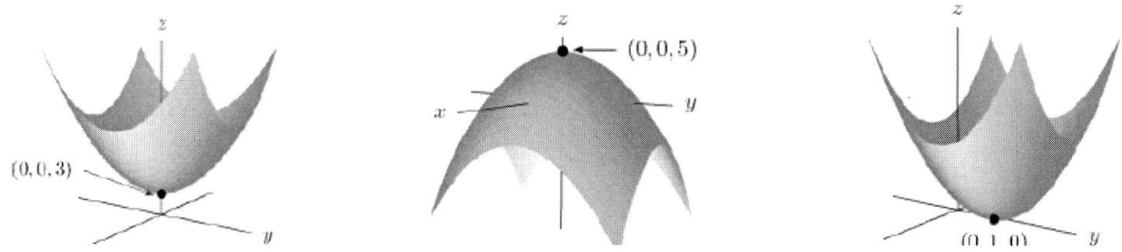

[예제 1.3] 다음 함수 $f(x,y)$의 정의역 $D(f)$를 구하라.

(a) $f(x,y) = \ln(xy)$

(b) $f(x,y) = \sin^{-1}(x+y)$

(c) $f(x,y) = \dfrac{1}{x^2 - y^2 + 1} + \ln(e - y - x^2)$

(d) $f(x,y) = 2 - \sqrt{4 - x^2 - y^2}$

풀이 정의역 $D(f)$는 함수 $f(x,y)$가 정의될 수 있는 변수 (x,y)들의 전체 집합을 가리킨다.

(a) $D(f) = \{(x,y) \in \mathbb{R}^2 \mid xy > 0\}$

(b) $D(f) = \{(x,y) \in \mathbb{R}^2 \mid -1 \le x + y \le 1\}$

(c) $D(f) = \{(x,y) \in \mathbb{R}^2 \mid x^2 - y^2 + 1 \ne 0,\ e - y - x^2 > 0\}$

(d) $D(f) = \{(x,y) \in \mathbb{R}^2 \mid x^2 + y^2 \le 4\}$

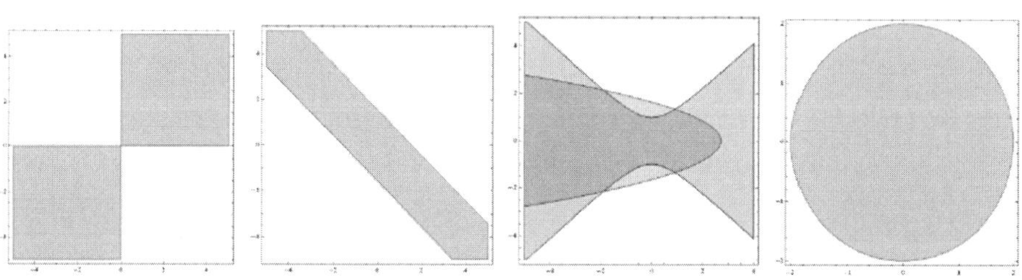

[예제 1.4] 함수 $f(x,y)=\sqrt{1-2x^2-y^2}$의 정의역 $D(f)$를 구하고 그래프를 스케치하라.

풀이 함수 $f(x,y)=\sqrt{1-2x^2-y^2}$가 정의되려면 $1-2x^2-y^2 \geq 0$ 또는 $2x^2+y^2 \leq 1$이 되어야 한다. 따라서 $f(x,y)$의 정의역은

$$D(f)=\{(x,y)\in\mathbb{R}^2 \mid 2x^2+y^2 \leq 1\}$$

이고 그래프는 다음 그림과 같은 반타원구이다.

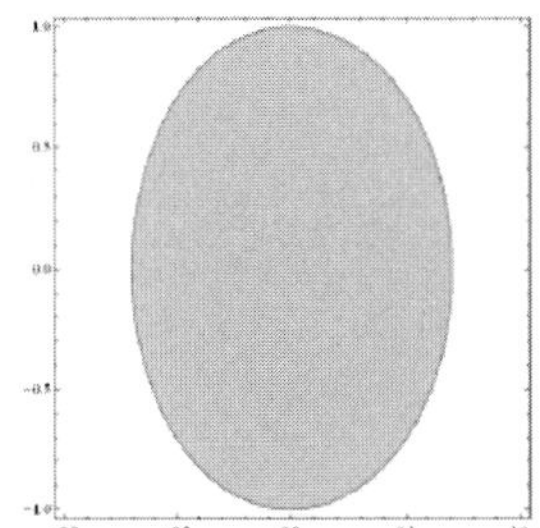

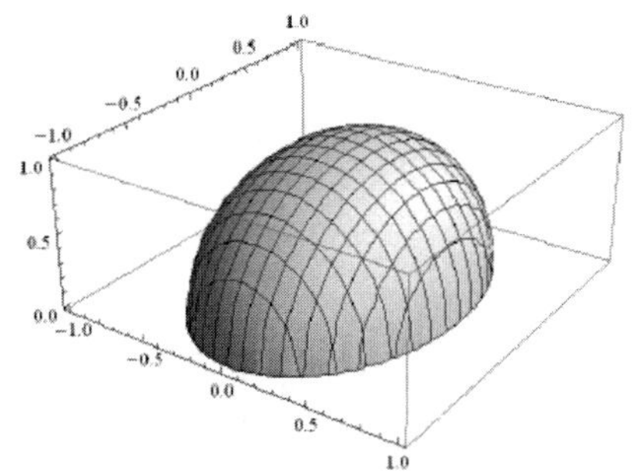

1.2 2변수 함수의 극한과 연속성

이 절에서 우리는 다변수 함수의 극한과 연속성에 대한 수학적인 개념을 다룬다. 2변수나 3변수 또는 그 이상 변수의 함수에 대한 극한의 개념은 1변수 함수와 거의 유사하지만 약간의 중요한 차이가 있다.

2변수 함수의 극한(limits)

함수 $f: D\to\mathbb{R}$, $(D\subseteq\mathbb{R}^2)$에 대해서 변수 (x,y)가 고정점 (a,b)로 무한히 접근 할 때($(x,y)\to(a,b)$로 표현하며, 이 때에는 $(x,y)\neq(a,b)$임) 함수값 $f(x,y)$가 고정된 수 $L(\in\mathbb{R})$로 무한히 접근 하면($f(x,y)\to L$로 표현하며, $f(x,y)=L$인 경우도 가능함), '변수 (x,y)가 점 (a,b)로 가까이 갈 때 함수 f가 실수 L로 수렴한다'고 말하고

$$\lim_{(x,y)\to(a,b)} f(x,y)=L$$

로 표현한다.

[정의 1.2](2변수 함수의 극한) 변수 (x, y)가 점 (a, b)로 가까이 갈 때 함수값 $f(x, y)$가 수 L로 가까이 간다는 것을

$$\lim_{(x,y)\to(a,b)} f(x, y) = L \tag{1.10}$$

로 나타내고, 수학적으로는 다음과 같이 정의한다.

> 임의의 수 $\epsilon > 0$에 대해서 다음 성질을 만족하는 수 $\delta = \delta(\epsilon) > 0$이 존재한다.
>
> $0 < |(x, y)-(a, b)| = \sqrt{(x-a)^2 + (y-b)^2} < \delta \qquad \longrightarrow \qquad |f(x, y)-L| < \epsilon.$

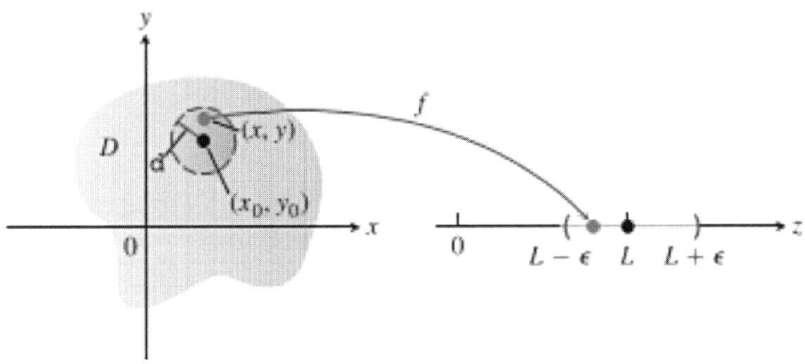

참고 위 정의에서 주목해야 할 사항은 다음과 같다.

(1) 점 (a, b)는 함수 f의 정의역 D의 내점(interior point)이어야 한다.

(2) 변수 (x, y)가 고정점 (a, b)로 가까이 간다는 것은 '방향이나 경로에 상관없이 한없이 가까이 간다'는 것을 의미한다.

(3) 함수값 $f(x, y)$가 실수 L로 수렴한다는 것은 '변수 (x, y)가 고정점 (a, b)에 가까이 갈 때 함수값 $f(x, y)$가 유일한 값 L로 가까이 간다'는 것을 뜻한다.

2변수 함수에 대한 극한의 개념을 좀더 쉽게 이해하기 위하여 그래프적으로 설명하면 다음과 같다.

> S가 함수 $z = f(x, y)$의 그래프를 나타내는 곡면이라 하고 $\epsilon > 0$이 임의로 주어진 수라고 하자. 그러면 주어진 수 ϵ에 대응하는 적당한 수 $\delta = \delta(\epsilon) > 0$이 존재하여 변수 (x, y)가 (a, b)를 중심으로 반경이 δ인 열린원판(open didk)안에 속하면서 $(x, y) \neq (a, b)$일 때 $f(x, y) \in (L-\epsilon, L+\epsilon)$이다.

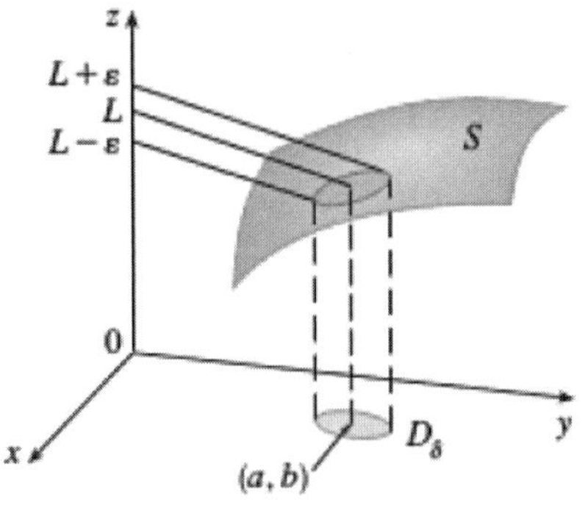

[예제 1.5] 함수 $f(x,y)$가

$$f(x,y) = \begin{cases} 0, & \text{if} \quad xy \neq 0, \\ 1 & \text{if} \quad xy = 0 \end{cases}$$

로 정의되었을 때, 극한 $\lim_{(x,y)\to(0,0)} f(x,y)$가 존재하는지의 여부를 판정하라.

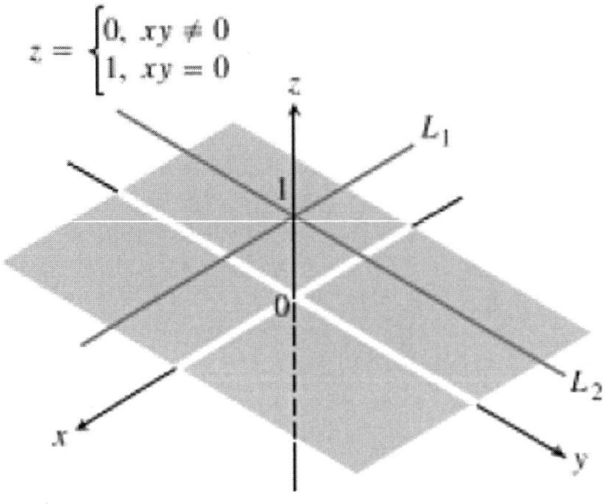

풀이 먼저 $\epsilon = \frac{1}{2}$로 택하자. 그리고 $\delta > 0$가 임의의 수라 하고 D가 점 $(0,0)$을 중심으로 반경이 δ인 열린원판, 즉

$$D = \{(x,y) \in \mathbb{R}^2 \mid x^2 + y^2 < \delta^2\}$$

이라 하자. 그러면 D안에는 $f(x,y) = 0$인 변수와 $f(x,y) = 1$인 변수가

무수히 많다. 여기서 $L=1$이라고 했을 때

$$0 \notin (L-\epsilon, L+\epsilon) = \left(1-\frac{1}{2},\, 1+\frac{1}{2}\right) = \left(\frac{1}{2},\, \frac{3}{2}\right)$$

이고, $L=0$이면

$$1 \notin (L-\epsilon, L+\epsilon) = \left(0-\frac{1}{2},\, 0+\frac{1}{2}\right) = \left(-\frac{1}{2},\, \frac{1}{2}\right)$$

이다. 또한 $L \neq 0, 1$인 수 L에 대해서도 구간 $(L-\frac{1}{2},\, L+\frac{1}{2})$에도 0과 1이 모두 다 속할 수는 없다. 즉 $\{0,1\} \not\subset (L-\frac{1}{2},\, L+\frac{1}{2})$이다. 그러므로 극한 $\lim_{(x,y)\to(0,0)} f(x,y)$는 존재하지 않는다. ■

[예제 1.6] 다음 극한이 존재하는지의 여부를 판정하라.

$$\lim_{(x,y)\to(0,0)} \frac{4xy^2}{x^2+y^2}.$$

풀이 여기서 $f(x,y) = \frac{4xy^2}{x^2+y^2}$로 놓으면, 함수값 $f(0,0)$은 존재하지 않으며 $x \neq 0$인 경우에 $f(x,0)=0$이고 $y \neq 0$인 경우에도 $f(0,y)=0$이다. 여기서 우리는

$$\lim_{(x,y)\to(0,0)} \frac{4xy^2}{x^2+y^2} = 0$$

임을 증명하겠다. 이를 위해서는, 임의로 주어진 수 $\epsilon > 0$에 대해서, 다음 성질을 만족하는 수 $\delta = \delta(\epsilon) > 0$를 찾아야 한다.

$$0 < \sqrt{x^2+y^2} < \delta \quad \to \quad \left|\frac{4xy^2}{x^2+y^2} - 0\right| = \frac{4|x|y^2}{x^2+y^2} < \epsilon.$$

그런데 $y^2 \leq x^2+y^2$이므로

$$\frac{4|x|y^2}{x^2+y^2} \leq 4|x| = 4\sqrt{x^2} \leq 4\sqrt{x^2+y^2}$$

이다. 여기서 $\delta = \epsilon/4$으로 선택하고 $0 < \sqrt{x^2+y^2} < \delta$라 하자. 그러면

$$\left|\frac{4xy^2}{x^2+y^2} - 0\right| = 4\sqrt{x^2+y^2} < 4\delta = 4 \cdot \frac{\epsilon}{4} = \epsilon$$

이다. 그러므로

$$\lim_{(x,y)\to(0,0)} \frac{4xy^2}{x^2+y^2} = 0$$

이다. ■

[예제 1.7] $f(x,y) = \frac{y^2}{x^2+y^2}$일 때, 극한값 $\lim_{(x,y)\to(0,0)} f(x,y)$가 존재하는지의 여부를 판정하라.

풀이 함수값 $f(0,0)$은 존재하지 않으며 $x \neq 0$일 때 $f(x,0) = 0$이고 $y \neq 0$일 때 $f(0,y) = 0$임을 알 수 있다. 따라서

$$\lim_{x\to 0} f(x,0) = \lim_{y\to 0} f(0,y) = 0$$

이다. 그런데 여기서 $y = kx$, (k는 상수)이고 $x \to 0$일 때의 극한은

$$\lim_{x\to 0} f(x,kx) = \lim_{x\to 0} \frac{kx^2}{(1+k^2)x^2} = \frac{k}{1+k^2}$$

이다. 그러므로 극한 $\lim_{(x,y)\to(0,0)} f(x,y)$는 존재할 수 없다. ■

[예제 1.8] 함수

$$f(x,y) = \begin{cases} \frac{2xy}{x^2+y^2}, & \text{if} \quad (x,y) \neq (0,0) \\ 0, & \text{if} \quad (x,y) = (0,0) \end{cases}$$

가 원점 $O = (0,0)$에서는 불연속이고 나머지 다른 모든 점에서는 연속임을 증명하라.

풀이 함수 $f(x,y)$가 변수 x와 y에 관한 유리함수이므로 $(a,b) \neq (0,0)$인 모든 점 (a,b)에서는 연속이다. 그러나 원점 $O = (0,0)$에서는 $f(x,y)$는 불연속임을 다음과 같은 사실에서 알 수 있다.

임의의 상수 m에 대해서 직선 $y = mx$를 따른 $(x,y) = (x,mx) \to (0,0)$일 때의 극한이

$$\lim_{x\to 0} f(x,mx) = \lim_{x\to 0} \frac{2x(mx)}{x^2+(mx)^2} = \lim_{x\to 0} \frac{2mx^2}{(1+m^2)x^2} = \frac{2m}{1+m^2}$$

이 되어 m값에 따라서 변한다.

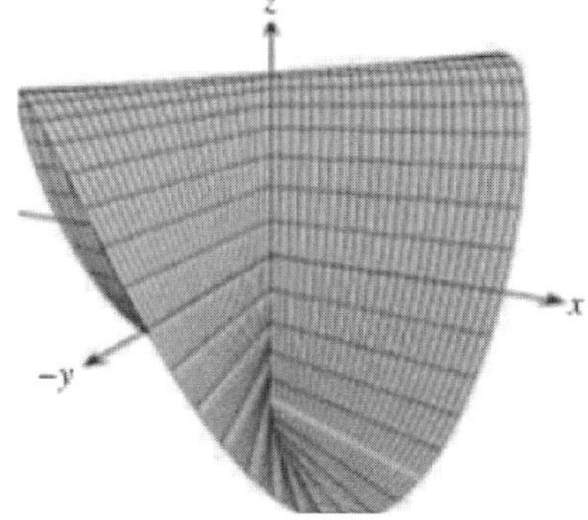

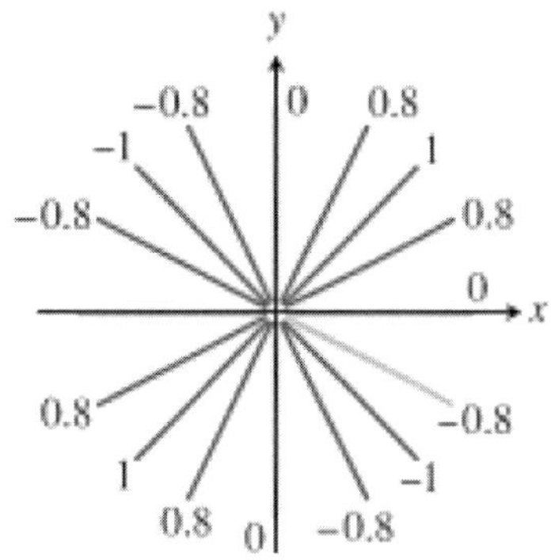

그러므로 극한 $\lim_{(x,y)\to(0,0)} f(x,y)$가 존재하지 않으며 $f(x,y)$는 원점 $(0,0)$에서 연속이 아니다. ■

1.3 편도함수(partial derivatives)

어떤 주어진 다변수 함수에 대해서, 하나의 변수를 제외하고 나머지 모든 변수들을 상수 취급한 후 제외시킨 그 변수에 대해서 미분을 할 수가 있다. 이와 같은 미분을 가리켜서 **편도함수**(partial derivative) 또는 **편미분**(partial differential)이라고 한다.

2변수 함수 $z = f(x,y)$에 대해서, 변수 x에 관한 편도함수를

$$f_x,\ f_x(x,y),\ \frac{\partial f}{\partial x},\ \frac{\partial}{\partial x}f(x,y),\ \frac{\partial z}{\partial x},\ D_x f$$

와 같이 표현하고, 변수 y에 관한 편도함수는

$$f_y,\ f_y(x,y),\ \frac{\partial f}{\partial y},\ \frac{\partial}{\partial y}f(x,y),\ \frac{\partial z}{\partial y},\ D_y f$$

등으로 표현한다. (3변수 이상의 함수에 대한 편도함수도 유사한 방식으로 표현한다.)

그래프적으로 설명하자면, $\frac{\partial f}{\partial x}$는 변수 y를 고정시킨 다음 x-축에 평행하게 양의 방향으로 x가 변화할 때 생기는 함수 $f(x,y)$의 순간 변화율이다.

반면에 $\frac{\partial f}{\partial y}$는 변수 x를 고정시킨 다음 y-축에 평행하게 양의 방향으로 y가 변화할 때 생기는 함수 $f(x,y)$의 순간 변화율이다(아래 그림을 참조).

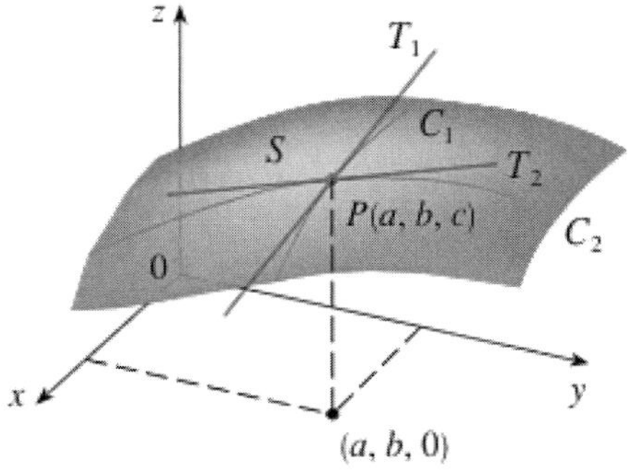

[정의 1.3] 함수 $z = f(x,y)$의 편미분 $\frac{\partial f}{\partial x}$와 , $\frac{\partial f}{\partial y}$를 다음과 같이 정의한다.

$$\begin{aligned} \frac{\partial}{\partial x} f(a,b) &= \lim_{h\to 0} \frac{f(a+h,b)-f(a,b)}{h}, \\ \frac{\partial}{\partial y} f(a,b) &= \lim_{h\to 0} \frac{f(a,b+h)-f(a,b)}{h}. \end{aligned}$$

전미분(Total Differential)

2변수함수 $f : D \to \mathbb{R}$, $(D \subseteq \mathbb{R}^2)$애 대해서

$$\Delta z = f(x+\Delta x,\ y+\Delta y) - f(x,y)$$

를 가리켜서 변화량 $(\Delta x,\ \Delta y)$에 대한 함수 $z = f(x,y)$의 증분(increment)이라 한다. 만약 $z = f(x,y)$가 연속인 1계 편도함수들을 갖는다고 하면 다음 등식이 성립한다.

$$\begin{aligned} dz &= \lim_{(\Delta x,\Delta y)\to(0,0)} \Delta z \\ &= \lim_{(\Delta x,\Delta y)\to(0,0)} [f(x+\Delta x,\ y+\Delta y) - f(x,y)] \\ &= \lim_{(\Delta x,\Delta y)\to(0,0)} \left[\frac{f(x+\Delta x,y+\Delta y)-f(x,y+\Delta y)}{\Delta x}\Delta x + \frac{f(x,y+\Delta y)-f(x,y)}{\Delta y}\Delta y\right] \\ &= f_x(x,y)dx + f_y(x,y)dy \\ &= \frac{\partial z}{\partial x}dx + \frac{\partial z}{\partial y}dy. \end{aligned}$$

[정의 1.4](전미분) 2변수 함수 $z = f(x, y)$에 대해서

$$dz = \frac{\partial z}{\partial x}dx + \frac{\partial z}{\partial y}dy = f_x(x, y)dx + f_y(x, y)dy$$

를 가리켜서 $z = f(x, y)$의 **전미분**(total differential)이라 한다.

[예제 1.9] 함수 $z = f(x, y) = x^4 + 3x^2y^2 + y^3$의 전미분을 구하라.

풀이 $f(x, y)$의 1계 편도함수는

$$f_x(x, y) = 4x^3 + 6xy^2, \quad f_y(x, y) = 6x^2y + 3y^2$$

이므로, 전미분은

$$\begin{aligned} dz &= \tfrac{\partial z}{\partial x}dx + \tfrac{\partial z}{\partial y}dy \\ &= (4x^3 + 6xy^2)dx + (6x^2y + 3y^2)dz \end{aligned}$$

이다. ■

[정리 1.1](연쇄법칙, Chain Rule) I가 열린구간이고 두 변수 $x, y : I \to \mathbb{R}$가 모두 미분가능한 함수들이며 $z = f(x, y)$가 연속인 1계 편도함수들을 갖는 함수라 하자. 그러면

$$z = f((x(t), y(t)), \quad (t \in I)$$

는 구간 I에서 정의된 미분가능한 함수로서 다음이 성립한다.

$$\begin{aligned} \tfrac{dz}{dt} &= z_x\tfrac{dx}{dt} + z_y\tfrac{dx}{dt} \\ &= \tfrac{\partial}{\partial x}f(x, y)x'(t) + \tfrac{\partial}{\partial y}f(x, y)y'(t). \end{aligned}$$

[예제 1.10] $z = x^2y + xy^2$이고 $x,\ y : \mathbb{R} \to \mathbb{R}$가 각각

$$x = t^4 + 2, \quad y = 1 - t^3$$

으로 정의되어 있을 때, 미분 $\frac{dz}{dt}$를 구하라.

풀이 정리 1을 이용하면

$$
\begin{aligned}
\frac{dz}{dt} &= z_x \frac{dx}{dt} + z_y \frac{dy}{dy} \\
&= \left[2xy + y^2\right](4t^3) + \left[x^2 + 2xy\right](-3t^2) \\
&= \left[2(t^4+2)(1-t^3) + (1-t^3)^2\right](4t^3) \\
&\quad + \left[(t^4+2)^2 + 2(t^4+2)(1-t^3)\right](-3t^2)
\end{aligned}
$$

이다. ■

고계 편도함수

주어진 함수의 1계 편도함수를 다시 한 번 미분하여 얻어진 편도함수를 2계 편도함수라 한다. 계속해서 같은 방식으로 3계 이상의 편도함수들을 구할 수 있는데, 2계 이상의 편도함수를 가리켜서 **고계(higher order) 편도함수**라 한다.

2변수 함수 $z = f(x, y)$에 대한 편도함들은 다음과 같이 나타낸다.

$$
\begin{aligned}
f_{xx} &= (f_x)_x = \frac{\partial}{\partial x}\left(\frac{\partial f}{\partial x}\right) = \frac{\partial^2 f}{\partial x^2} = \frac{\partial^2 z}{\partial x^2} = D_{xx}f, \\
f_{yy} &= (f_y)_y = \frac{\partial}{\partial y}\left(\frac{\partial f}{\partial y}\right) = \frac{\partial^2 f}{\partial y^2} = \frac{\partial^2 z}{\partial y^2} = D_{yy}f, \\
f_{xy} &= (f_x)_y = \frac{\partial}{\partial y}\left(\frac{\partial f}{\partial x}\right) = \frac{\partial^2 f}{\partial y \partial x} = \frac{\partial^2 z}{\partial y \partial x} = D_{xy}f, \\
f_{yx} &= (f_y)_x = \frac{\partial}{\partial x}\left(\frac{\partial f}{\partial y}\right) = \frac{\partial^2 f}{\partial x \partial y} = \frac{\partial^2 z}{\partial x \partial y} = D_{yx}f.
\end{aligned}
$$

3계 편도함도함수에 대해서는 다음과 같은 표현들을 사용한다.

$$
\begin{aligned}
&f_{xxx},\ f_{xxy},\ f_{xyx}, f_{yxx},\ \cdots \\
&\frac{\partial^3 f}{\partial x^3},\ \frac{\partial^3 f}{\partial x^2 \partial y},\ \frac{\partial^3 f}{\partial x \partial y \partial x},\ \frac{\partial^3 f}{\partial y \partial x^2},\cdots
\end{aligned}
$$

2변수 함수 $z = f(x, y)$에 대한 3계 편도함수는 최대 $2^3 = 8$개 까지 가능하다. 일반적으로 k-변수 함수에 대한 n-계 편도함수들의 개수는 최대 k^n이다.

[예제 1.11] 함수 $f(x, y) = x^2y^3 + y^2 + 2x^3y$에 대한 1계, 2계, 3계 편도함수들은 다음과 같다.

(1) 1계 편도함수는 다음과 같이 2개이다.

$$\frac{\partial f}{\partial x} = 2xy^3 + 6x^2y, \quad \frac{\partial f}{\partial y} = 3x^2y^2 + 2y + 2x^3.$$

(2) 2계 편도함수는 다음과 같다.

$$\frac{\partial^2 f}{\partial x^2} = 2y^3 + 12xy, \quad \frac{\partial^2 f}{\partial y^2} = 6x^2y + 2, \quad \frac{\partial^2 f}{\partial x \partial y} = \frac{\partial^2 f}{\partial y \partial x} = 6xy^2 + 6x^2.$$

(3) 3계 편도함수는 다음과 같다.

$$\frac{\partial^3 f}{\partial x^3} = 12y, \quad \frac{\partial^2 f}{\partial y^3} = 6x^2, \quad \frac{\partial^3 f}{\partial x \partial y^2} = \frac{\partial^2 f}{\partial y^2 \partial x} = \frac{\partial^3 f}{\partial y \partial x \partial y} = 12xy,$$
$$\frac{\partial^3 f}{\partial x^2 \partial y} = \frac{\partial^3 f}{\partial y \partial x^2} = \frac{\partial^3 f}{\partial x \partial y \partial x} = 6y^2 + 12x.$$

[예제 1.12] 함수 $f(x, y, z) = 2x^2y + ze^y + \sqrt{z}\ln x$에 대한 1계 편도함수들은 다음과 같다.

$$\frac{\partial f}{\partial x} = 4xy + \frac{\sqrt{z}}{x}, \quad \frac{\partial f}{\partial y} = 2x^2 + ze^y, \quad \frac{\partial f}{\partial z} = e^y + \frac{\ln x}{2\sqrt{z}}.$$

[정리 1.2] (클레로의 정리, Clairaut's Theorem) D가 xy-평면에서 점 (a, b)를 포함한 열린영역(open domain)이고 $f : D \to \mathbb{R}$가 연속인 2계 편도함수 f_{xy}와 f_{yx}를 갖는다고 하자. 그러면 다음 관계가 성립한다.

$$f_{xy}(a, b) = f_{yx}(a, b).$$

참고 (1) 위 정리의 조건을 만족하는 2변수 함수 $f(x, y)$를 두 변수 x와 y에 관해서 각 1회씩 2회 미분해서 얻어진 2계 편도함수는 미분의 순서를 서로 바꾸어서 미분을 해도 그 결과는 서로 같다는 것이다.
(2) 이와 같은 성질은 3변수 이상의 함수들에 대해서도 동일하게 성립한다. 즉, 함수 D가 3차원 공간 $\mathbb{R}^3$에서 점 (a, b, c)를 포함한 어떤 열린영역이고 $f : D \to \mathbb{R}$가 연속인 2계 도함수들을 갖는 함수일 때, 다음 관계가 성립한다.

$$f_{xy}(a, b, c) = f_{yx}(a, b, c), \; f_{xz}(a, b, c) = f_{zx}(a, b, c),$$
$$f_{yz}(a, b, c) = f_{zy}(a, b, c).$$

[예제 1.13] 함수

$$f(x,y)=\begin{cases}\frac{xy(x^2-y^2)}{x^2+y^2}, & \text{if } \ (x,y)\neq(0,0)\\ 0 & \text{if } \ (x,y)=(0,0)\end{cases}$$

에 대해서 대해서 $f_{xy}(0,0)$과 $f_{yx}(0,0)$을 계산하라.

풀이 (1) 먼저 $(x,y)\neq(0,0)$인 경우에 $f(x,y)$의 1계 편도함수를 구하면 다음과 같다.

$$f_x(x,y)=\frac{x^4y+4x^2y^3-y^5}{(x^2+y^2)^2},\quad f_y(x,y)=\frac{x^5-4x^3y^2-xy^4}{(x^2+y^2)^2}.$$

(2) 다음으로 미분의 정의를 써서 미분 $f_x(0,0)$과 $f_y(0,0)$을 계산하면 다음과 같다.

$$\begin{aligned} f_x(0,0) &= \lim_{h\to0}\frac{f(h,0)-f(0,0)}{h}=\lim_{h\to0}\frac{0}{h}=0,\\ f_y(0,0) &= \lim_{h\to0}\frac{f(0,h)-f(0,0)}{h}=\lim_{h\to0}\frac{0}{h}=0.\end{aligned}$$

(3) 이제 미분의 정의를 써서 2계 편미분 $f_{xy}(0,0)$과 $f_{yx}(0,0)$을 계산하면 다음과 같다.

$$\begin{aligned} f_{xy}(0,0) &= \lim_{h\to0}\frac{f_x(0,h)-f_x(0,0)}{h}=\lim_{h\to0}\frac{-h}{h}=-1,\\ f_{yx}(0,0) &= \lim_{h\to0}\frac{f_y(h,0)-f_y(0,0)}{h}=\lim_{h\to0}\frac{h}{h}=1.\end{aligned}$$ ■

음함수에 대한 미분

$F(x,y)=c$ 형식의 함수에 대해서 미분 $\frac{dy}{dx}$를 구할 때 이용하는 미분법처럼 음함수 형태로 표현된 3변수 이상의 다변수 함수에 대한 편미분을 구할 때도 같은 법칙을 적용할 수 있다.

[예제 1.14] 다음 식으로부터 편도함수 $\frac{\partial z}{\partial x}$와 $\frac{\partial z}{\partial y}$를 구하라.

$$z^2-x^2y+z^3x+zy=3.$$

풀이 위 식의 양변을 변수 x와 y에 관하여 미분하면

$$\begin{aligned} 2z\tfrac{\partial z}{\partial x} - 2xy + 3z^2\tfrac{\partial z}{\partial x}x + \tfrac{\partial z}{\partial x}y &= 0, \\ 2z\tfrac{\partial z}{\partial y} - x^2 + 3z^2\tfrac{\partial z}{\partial y}x + \tfrac{\partial z}{\partial x}y + z &= 0 \end{aligned}$$

이므로

$$\frac{\partial z}{\partial x} = \frac{2xy - z^3}{2z + 3z^2x + y}, \quad \frac{\partial z}{\partial y} = \frac{x^2 - z}{2z + 3z^2x + y}$$

이다. ■

1.4 일반화된 미분의 기본개념과 표현

Ω가 $\mathbb{R}$의 열린 부분집합일 때, 점 $x \in \Omega$에서 함수 $u : \Omega \to \mathbb{R}$의 **도함수**(derivative) 미분(differentiation)은

$$u'(x) = \frac{d}{dx}u(x) = \lim_{h \to 0} \frac{u(x+h) - u(x)}{h} \tag{1.11}$$

로 정의된다. 만약 Ω가 $\mathbb{R}^n$의 열린 부분집합이면, 점 $x \in \mathbb{R}^n$에서 주어진 벡터 ξ-방향으로 $u : \Omega \to \mathbb{R}$의 **방향도함수**(directional derivative)는

$$\frac{\partial u}{\partial \xi}(x) = \lim_{h \to 0} \frac{u(x+h\xi) - u(x)}{h} \tag{1.12}$$

로 정의된다.

흔히 i-번째 성분이 1이고 나머지 모든 성분이 0인 $\mathbb{R}^n$의 원소 $\mathbf{e}_i = (0, \ldots, 0, 1, 0 \ldots, 0)$을 $\mathbb{R}^n$의 **표준 단위 기저벡터**(standard unit basis vector)라 한다. 점 $x \in \Omega$에서 함수 $u : \Omega \to \mathbb{R}$의 i-번 째 **편도함수**는 방향벡터 $\mathbf{e}_i$ 방향으로의 방향도함수

$$u_{x_i} = \frac{\partial u}{\partial x_i}(x) = \lim_{h \to 0} \frac{u(x+h\mathbf{e}_i) - u(x)}{h} \tag{1.13}$$

로 정의한다. 그리고 n이 양의 정수일 때, 각 $i = 1, 2, \ldots, n$에 대해서, $\alpha_i \in \mathbb{Z}_+^*$이면 $\alpha = (\alpha_1, \ldots, \alpha_n)$을 가리켜서 **다중지표**(multi-index)라 부르고

$$|\alpha| = \alpha_1 + \cdots + \alpha_n \tag{1.14}$$

으로 정의한다. 그리고 $\alpha = (\alpha_1, \ldots, \alpha_n)$와 $\beta = (\beta_1, \ldots, \beta_n)$가 다중지표들일 때, $\alpha \le \beta$는 모든 $i = 1, 2, \ldots, n$에 대해서 $\alpha_i \le \beta_i$임을 뜻하고

$$\alpha \pm \beta = (\alpha_1 \pm \beta_1, \ldots, \alpha_n \pm \beta_n) \tag{1.15}$$

로 정의한다. 또한 $\alpha = (\alpha_1, \ldots, \alpha_n)$일 때, $\alpha! = \alpha_1! \cdots \alpha_n!$로 정의하고, 모든 $x = (x_1, \ldots, x_n) \in \mathbb{R}^n$에 대해서

$$x^\alpha = x_1^{\alpha_1} \cdots x_n^{\alpha_n} \tag{1.16}$$

으로 정의한다.

슈바르쯔[1](L. Schwartz)가 소개한 다중지표의 개념이 보다 간결한 형식의 다변수 방정식으로 표현한다는 점에서 보다 쉽다. 예를 들면, n-변수의 k-차 다항식을 다음 형식으로 표현할 수 있다.

$$\sum_{|\alpha| \le k} a_\alpha x^\alpha = \sum_{|\alpha| \le k} a_\alpha x_1^{\alpha_1} \cdots x_n^{\alpha_n}, \quad (a_\alpha : \quad \text{상수}). \tag{1.17}$$

이 식에서 $x \in \mathbb{R}^n$이고 $\alpha = (\alpha_1, \ldots, \alpha_n)$이며 k음이 아닌 정수이다. 그리고 $x = (x_1, \ldots, x_n) \in \mathbb{R}^n$이고 $\alpha = (\alpha_1, \ldots, \alpha_n) \in \mathbb{Z}_+^n$일 때

$$D^\alpha = \frac{\partial^{\alpha_1}}{\partial x_1^{\alpha_1}} \cdots \frac{\partial^{\alpha_n}}{\partial x_n^{\alpha_n}} = \frac{\partial^{|\alpha|}}{\partial x_1^{\alpha_1} \cdots \partial x_n^{\alpha_n}} \tag{1.18}$$

를 가리켜서 변수 x에 관한 α-계의 **미분 연산자**(differential operator)라 한다.

앞으로 우리는 함수 $u(x_1, \ldots, x_n)$에 연산자 D^α를 적용시킬 때 변수 $x \in \mathbb{R}^n$의 성분순서를 따르지 않고 계수 $\alpha = (\alpha_1, \ldots, \alpha_n)$의 성분순서를 따르는 것으로 하자. 이렇게 정하는 방식은 **매끄러운 함수**(smooth function)[2]들에 대해서는 편미분의 순서가 바뀌어도 상관이 없다는 사실에 의해 타당하다.

[예제 1.15] $x = (x_1, x_2, x_3) \in \mathbb{R}^3$이고 $\alpha = (1, 3, 2)$이면

$$D^\alpha u(x) = \frac{\partial^6 u(x)}{\partial x_1 \partial x_2^3 \partial x_3^2} = \frac{\partial^6 u(x)}{\partial x_2^3 \partial x_3^2 \partial x_1} = \frac{\partial^6 u(x)}{\partial x_3^2 \partial x_1 \partial x_2^3} \tag{1.19}$$

이다. □

각 $k \in \mathbb{N}$에 대해서

---

[1]Laurent-Moïse Schwartz(1915년 3월 5일 - 2002년 7월 4일)는 필즈상을 수상한 프랑스 수학자이다.

[2]매끄러운 함수란 필요한 만큼 충분히 여러 번 미분이 가능한 함수를 가리킨다.

$$D^k u(x) = \{D^\alpha u(x) : |\alpha| = k\}$$

이다. 특히, $k=1$인 경우에는

$$\begin{aligned} D^1 u(x) &= \left(D^{(1,0,\ldots,0)}u(x), D^{(0,1,0\ldots,0)}u(x), \ldots, D^{(0,0,\ldots,0,1)}u(x)\right) \\ &= \left(\frac{\partial u(x)}{\partial x_1}, \frac{\partial u(x)}{\partial x_2}, \cdots, \frac{\partial u(x)}{\partial x_n}\right) \end{aligned} \tag{1.20}$$

이다. 우리는 D^1을 가리켜서 **기울기**[3] **연산자(gradient operator)**라 부르고 D 또는 ∇로 표기한다. 따라서 $\nabla u(x) = (u_{x_1}, u_{x_2}, \ldots, u_{x_n})$이다. 벡터 ξ를 따르는 방향도함수는 등식

$$\frac{\partial u}{\partial \xi}(x) = \nabla(x) \cdot \xi \tag{1.21}$$

를 만족한다. **법도함수(normal derivative)**는 점 x위에 놓여 있는 곡면에 대한 법선벡터 $v(x)$ 방향의 방향 도함수를 가리킨다.

벡터함수 $\mathbf{u} = (u_1, u_2, \ldots, u_n)$의 **발산(divergence)**은

$$\text{div}(\mathbf{u}) = \nabla \cdot \mathbf{u} \tag{1.22}$$

로 정의한다. 특히, $k=2$인 경우에는

$$D^2 u(x) = \begin{pmatrix} \frac{\partial^2 u(x)}{\partial x_1^2} & \cdots & \frac{\partial^2 u(x)}{\partial x_1 \partial x_n} \\ \frac{\partial^2 u(x)}{\partial x_2 \partial x_1} & \cdots & \frac{\partial^2 u(x)}{\partial x_2 \partial x_n} \\ \vdots & \ddots & \vdots \\ \frac{\partial^2 u(x)}{\partial x_n \partial x_1} & \cdots & \frac{\partial^2 u(x)}{\partial x_n^2} \end{pmatrix}_{n \times n} \tag{1.23}$$

이고, 행렬 D^2u를 가리켜서 **헤시안 행렬(Hessian matrix)**이라 한다. 편미분의 순서는 서로 바뀌어도 상관없기 때문에 헤시안 행렬은 대칭행렬이라는 사실에 주목하기 바란다.

특히, **라플라스 연산자(Laplacian)** Δ는 헤시안 행렬의 **대각합**(trace)으로

---

[3] 기울기(gradient)란 벡터 미적분학에서 스칼라장의 최대의 증가율을 나타내는 벡터장을 뜻한다.

정의된다. 즉

$$\Delta = \sum_{i=1}^{n} \frac{\partial^2}{\partial x_i^2} \tag{1.24}$$

이다. 여기서 $\Delta = \nabla \cdot \nabla$임에 주목하라. 더 나아가 k-번 미분가능한 함수 u에 대해서, n^k-텐서(tensor)[4]

$$D^k u(x) = \{D^\alpha u(x) \,:\, |\alpha| = k\}$$

은 $\mathbb{R}^n$에서 $\mathbb{R}^{n^k}$으로 가는 함수로 볼 수 있다. 따라서 $D^k u(x)$의 크기는

$$\left|D^k u(x)\right| = \left(\sum_{|\alpha|=k} |D^\alpha u(x)|^2\right)^{\frac{1}{2}} \tag{1.25}$$

이다. 특히

$$|\nabla u(x)| = \left(\sum_{i=1}^{n} u_{x_i}^2(x)\right)^{\frac{1}{2}} \quad \text{또는} \quad |\nabla u(x)|^2 = \nabla u(x) \cdot \nabla u(x)$$

이고

$$|D^2 u(x)| = \left(\sum_{i,j=1}^{n} u_{x_i,x_j}^2(x)\right)^{\frac{1}{2}}$$

이다.

[예제 1.16] 함수 $u : \mathbb{R}^2 \to \mathbb{R}$을 $u(x,y) = ax^2 + by^2$으로 정의하자. 그러면

$$\nabla u = (u_x,\, u_y) = (2ax,\, 2by)$$

이고

$$D^2 u = \begin{pmatrix} u_{xx} & u_{xy} \\ u_{yx} & u_{yy} \end{pmatrix} = \begin{pmatrix} 2a & 0 \\ 0 & 2b \end{pmatrix}$$

이다. 특히 $\nabla u : \mathbb{R}^2 \to \mathbb{R}^2$이고 $D^2 u : \mathbb{R}^2 \to \mathbb{R}^4 = \mathbb{R}^{2^2}$임에 주목하라. □

[4]선형대수학과 물리학에서, 텐서(tensor)는 선형 관계를 나타내는 미분기하학의 대상이다. 기본적인 예는 스칼라곱과 선형 변환이 있으며 스칼라와 벡터 또한 해당한다. 텐서는 기저를 선택하여 다차원 배열로 나타낼 수 있으며, 기저를 바꾸는 변환 법칙이 존재한다.

1.5 편미분방정식의 분류

편미분방정식은 여러 가지 특성에 따라서 분류할 수 있다. 주어진 방정식이 속하는 부류의 특성에 따라서 적용되는 해법이 달라지기 때문에 방정식의 특성을 구별하는 것은 매우 중요하다. 편미분방정식을 유형별로 구분하는 데에는 대략 다음과 같은 6가지의 분류법이 있다.

1. 계(Order): 주어진 편미분방정식의 '계'란 그 방정식에 포함된 편도함수의 최고계의 수를 가리킨다. 예를 들면, 식 (1.3)와 (1.4)은 1계 미분방정식이고 식 (1.5), (1.6), (1.7), (1.9)은 2계 방정식이며, 식 (1.8)은 3계 방정식이다.

   또한

   $$\begin{aligned} u_t &= u_x && \text{(1계 방정식)} \\ u_t &= u_{xx} && \text{(2계 방정식)} \\ u_t &= uu_{xxx} + \sin x && \text{(3계 방정식)} \end{aligned}$$

   이다.

2. 변수의 수(Number of variables): 주어진 PDE의 변수들의 수란 그 방정식에 포함된 독립(자유)변수들의 개수를 가리킨다. 예를 들면

   $$\begin{aligned} u_t &= u_x && (x\text{와 } t\text{를 독립변수로 가는 2변수 방정식}) \\ u_t &= u_{rr} + \tfrac{1}{r}u_r + \tfrac{1}{r^2}u_{\theta\theta} && (r,\ \theta,\ t\text{를 독립변수로 갖는 3변수 방정식}) \end{aligned}$$

   이다.

3. 선형성(Linearity): 방정식에 포함된 미지의 함수와 그의 도함수들이 선형성을 가질 때, 그 미분방정식을 '선형(linear)'이라고 말한다. $\mathcal{L}$이 주어진 방정식의 미분연산자, 즉 주어진 편미분방정식이

   $$\mathcal{L}(u) = 0 \tag{1.26}$$

   으로 표현되었을 때, $\mathcal{L}$이 선형이면 식 (1.26)를 가리켜 제차 선형미분방정식 (homogeneous linear equation)이라 한다.

   예를 들어 $\mathcal{L} = \frac{\partial^2}{\partial x^2} + 1$이면 $\mathcal{L}u = u_{xx} + u$이고 $\mathcal{L}$은 선형연산자이다. 연산자 $\mathcal{L}$이 선형이라는 것은 u와 v가 미지의 함수이고 c가 임의의 상수일 때

   $$\mathcal{L}(u+v) = \mathcal{L}u + \mathcal{L}v \qquad \& \qquad \mathcal{L}(cu) = c(\mathcal{L}u) \tag{1.27}$$

의 관계를 만족한다는 것을 의미한다. 따라서 식 (1.3), (1.5), (1.6), (1.7), (1.9) 은 모두 선형인 반면에 식 (1.4)과 (1.8)은 비선형(nonlinear)이다.

예를 들어, 식 (1.7)은

$$\begin{aligned}\mathcal{L}(u+v) &= (u+v)_t - (u+v)_{xx} \\ &= (u_t - u_{xx}) + (v_t - v_{xx}) \\ &= \mathcal{L}u + \mathcal{L}v\end{aligned}$$

이고

$$\mathcal{L}(cu) = (cu)_t - (cu)_{xx} = c(u_t - u_{xx}) = c(\mathcal{L}u)$$

인 관계를 만족하므로 선형이다. 그러나 식 (1.4)은 비선형이다. 그 이유는

$$\begin{aligned}\mathcal{L}(u+v) &= (u+v)_t + (u+v)(u+v)_x \\ &= (u_t + uu_x) + (v_t + vv_x) + uv_x + vu_x \\ &\neq \mathcal{L}u + \mathcal{L}v\end{aligned}$$

이기 때문이다. 또한,식 (1.4)에 대해서, $c \neq 0, 1$일 때

$$\mathcal{L}(cu) = (cu)_t + (cu)(cu)_x = cu_t + c^2uu_x \neq c(\mathcal{L}u)$$

임을 알 수 있다. 여기서 식 (1.7)이 비선형인 이유를 설명하자면 항 uu_x가 함수 u와 편도함수 u_x에 관한 2차 식이기 때문이다.

우리가 선형방정식에 대해서 주목해야 할 사실은 u가 해일 때 상수곱 cu 도 해가 되고 v가 또 다른 해이면 합 $u+v$도 해가 된다는 사실이다. 보다 일반적으로 말해서, 하나의 선형방정식에 대해서 n개의 해 $u_1, u_2, \ldots, u_n$이 주어지면 이들의 선형결합

$$c_1u_1(x,y) + c_2u_2(x,y) + \cdots + c_nu_n(x,y) = \sum_{k=1}^{n} c_ku_k(x,y)$$

도 주어진 방정식의 해가 된다.

4. 제차성(Homogeneity): 식 (1.26)와 같은 형식을 제차(homogeneous)방정식이라 부르고, $g(x,y) \neq 0$일 때

$$\mathcal{L}((u(x,y)) = g(x,y) \tag{1.28}$$

와 같은 형식을 가리켜서 비제차(non-homogeneous)방정식이라 부른다.

[참고] 실제로 제차 방정식이나 비제차 방정식의 개념은 선형미분방정식에서만 사용하며, 비선형 미분방정식에 대해서는 제차나 비제차 방정식으로 구분하지 않는다.

만약 u_h가 제차방정식 (1.26)의 해이고 u_p가 비제차방정식 (1.28)의 해이면 합 $u_h + u_p$는 비제차방정식 (1.28)의 해가 된다는 사실에 주목하라. 실제로

$$\mathcal{L}(u_h + u_p) = \mathcal{L}u_h + \mathcal{L}u_p = 0 + g = g$$

이다. 그러므로 비제차방정식 (1.28)의 해를 구하려면 제차방정식 (1.26)의 일반해를 구하고 비제차방정식 (1.28)에 대한 하나의 특수해를 구하면 된다. (비제차방정식 (1.28)에 대한 두 해의 차(差)는 제차방정식 (1.26)의 해가 된다는 사실을 알기 바란다.) 이러한 원리가 미분연산자 $\mathcal{L}$의 선형성에 의한 것이라는 점에서 상미분방정식과 편미분방정식 사이에 매우 유사한 점이 있다.

5. **계수들의 종류**: 주어진 방정식에 포함된 계수(coeffficient)가 모두 선형이면 그 식을 가리켜서 상수계수를 갖는 방정식이라고 한다. 예를 들어 A, B, C, D, E, F가 모두 상수이면 방정식

$$Au_{xx} + Bu_{xy} + Cu_{yy} + Du_x + EU_y + Fu = G \tag{1.29}$$

는 상수계수를 갖는 2계 선형 편미분방정식이다.

6. **2계 선형미분방정식의 유형 3가지**: 판별식

$$\Delta = B^2 - 4AC \tag{1.30}$$

의 부호에 따라서 2계 선형 편미분방정식 (1.29)를 다음과 같은 3가지 유형으로 구분한다.

(a) 포물선형(parabolic) (b) 쌍곡선형(hyperbolic) (c) 타원형(elliptic).

(a) **포물선형(parabolic)**: $\Delta = 0$인 방정식 (1.29)를 가리켜 포물선형이라 한다. 포물선형의 예로 **열방정식(heat equation)**과 **분산방정식(diffusion equation)**을 들 수 있다.

(b) **쌍곡선형(hyperbolic)**: $\Delta > 0$인 방정식 (1.29)를 가리켜서 쌍곡선형이라고 한다. 쌍곡선형의 예를 들면 **파동정식(wave equation)**과 **진동방정식(vibrating equation)**을 들 수 있다.

(c) **타원형(elliptic)**: $\Delta < 0$인 방정식 (1.29)를 가리켜서 타원형이라 한다. 타원형 편미분방정식의 예로 **안정상태의 방정식(steady-state equation)**을 들 수 있다.

[정의 1.5] Ω가 $\mathbb{R}^n$의 열린 부분집합이라 할 때, 미지의 함수 $u : \Omega \to \mathbb{R}$에 대한 k-계 편미분방정식은

$$F\left(D^k u(x), D^{k-1}u(x), \ldots, Du(x), u(x), x\right) = 0, \quad (x \in \Omega) \tag{1.31}$$

로 정의된다. 여기서 $F : \mathbb{R}^{n^k} \times \mathbb{R}^{n^{k-1}} \times \cdots \times \mathbb{R}^n \times \mathbb{R} \times \Omega \to \mathbb{R}$는 u에 대한 최소한 한 개 이상의 k-계 편도함수를 독립변수로 가지며, 모든 $j \in \mathbb{N}$에 대해서는, u에 대한 $(k+j)$-계 편도함수를 변수로 갖지 않는 함수다.

간단히 말해서 PDE의 계(order)는 그 PDE에 나타난 가장 많은 편미분의 횟수를 가리킨다. 두 개의 미지수 (x, y)를 가진 1계 PDE는

$$F(u_x, u_y, u, x, y) = 0 \tag{1.32}$$

의 형태로 표현되는데 여기서 F는 독립변수 x와 y 그리고 u_x와 u_y중에서 적어도 한 개 이상의 변수를 독립변수로 갖는 함수다. 마찬가지로 세 개의 독립변수를 갖는 미지의 함수 $u(x, y, z)$에 대한 1계 PDE는

$$F(u_x, u_y, u_z, x, y, z) = 0 \tag{1.33}$$

의 형태로 나타낼 수 있는데, 여기서 F는 u_x, u_y, u_z중에서 적어도 하나는 독립변수로 갖는 함수라야 한다. 여기서 유의해야 할 것은 변수 x의 사용을 남용하지 말아야 한다는 점이다. n-변수의 경우에 $x \in \mathbb{R}^n$는 벡터다.

2변수나 3변수를 쓸 경우에는 x는 대개 첫 번째 변수를 나타낸다. 앞으로 이와 같은 문자의 활용에 혼동이 있어서는 안 된다.

편미분방정식(PDE)은 어떤 물리적인 현상을 수학적으로 표현한 것이기 때문에, 미지의 함수 u에 대한 PDE를 푼다는 것은 주어진 물리적인 현상을 예측한다는 것을 의미한다. 편미분방정식 문제의 난이도는 주어진 함수의 선형성과 계수 k가 얼마냐에 달려있다. 이제 우리는 주어진 편미분방정식을 선형성의 정도(scale)에 따라서 분류해 보도록 하겠다.

[정의 1.6] (선형성에 의한 편미분방정식의 분류)

1. 편미분방정식 (1.31)이 **선형**(linear)이라 함은 (1.31)에 나타난 함수 F가 다음 형식으로 표현된다는 것을 뜻한다.

$$G(u(x)) = f(x). \tag{1.34}$$

   여기서 $G(u(x)) = \sum_{|\alpha| \le k} a_\alpha(x) D^\alpha u(x)$이고 $f(x)$와 $a_\alpha(x)$는 함수들이다.

   여기서 보면 임의의 $\lambda_1, \lambda_2 (\in \mathbb{R})$와 미지의 함수 u_1, u_2에 대해서

$$G(\lambda_1 \mu_1 + \lambda_2 \mu_2) = \lambda_1 G(u_1) + \lambda_2 G(u_2) \tag{1.35}$$

   이므로 G가 선형이다. 또한 $f \equiv 0$이면 식 (1.31)은 **제차선형**(homogeneous linear)이라고 한다.

2. PDE (1.31)이 **반선형**(semilinear)이라 함은 (1.31)에 나타난 F가 최고계의 미분에 대해서만 선형임을 뜻한다. 즉, F가 다음 형식으로 표현된다는 것을 뜻한다.

$$\sum_{|\alpha|=k} a_\alpha(x) D^\alpha u(x) + f\left(D^{k-1}u(x), \ldots, Du(x), u(x), x\right) = 0. \tag{1.36}$$

3. PDE (1.31)이 **준선형**(quasilinear)이라 함은 (1.31)에 나타난 함수 F가 다음 형식으로 표현된다는 것을 뜻한다.

$$\sum_{|\alpha|=k} a_\alpha\left(D^{k-1}u(x), \ldots, u(x), x\right) D^\alpha u + f\left(D^{k-1}u(x), \ldots, u(x), x\right) = 0. \tag{1.37}$$

   위 식이 의미하는 것은 최고계(k-계)의 계수 a_α가 $x, u, Du, \ldots, D^{k-1}u$를 변수로 갖는 함수로 표현된다는 뜻이다.

4. 식 (1.31)이 **완전 비선형**(fully nonlinear)이라는 것은 최고계인 k-계 미분항이 비선형이라는 것을 의미한다. (참고: 반선형 PDE와 준선형 PDE도 비선형 PDE이라고 할 수 있다.)

반선형 편미분방정식에 대해서는 식 (1.34)에 나타난 함수 f가 결코 u와 u의 편도함수에 관해서 선형이 아니라는 사실이다.

준선형 방정식에 대해서는 계수가 $|\alpha| = k$인 a_α가 u나 u의 편도함와 무관하지 않다는 점이다. 그렇지 않으면 주어진 PDE가 반선형이나 선형이 되는 것이다.

[예제 1.17] 다음은 여러 유형의 PDE에 대한 예들이다.

1. $xu_y - yu_x = u$는 선형이다.
2. $xu_y + yu_x = x^2 + y^2$는 선형이다.
3. $u_{tt} - c^2 u_{xx} = f(x,t)$는 선형이다.
4. $y^2 u_{xx} + xu_{yy} = 0$은 선형이다.
5. $x^3 u_{xx} + 2xyu_{xy} + xu_y + y^2 u_{yx} + u_{yy} = 0$은 선형이다.
6. $u_x + u_y - u^2 = 0$은 반선형이다.
7. $u_t + uu_x + u_{xxx} = 0$은 반선형이다.
8. $u_{tt}^2 + u_{xxx} = 0$은 반선형이다.
9. $u_x + uu_y - u^2 = 0$의 준선형이다.
10. $uu_x + u_y = 2$는 준선형이다.
11. $vu_x + uv_x + u_t = 0$은 준선형이다.
12. $u_x u_y - u = 0$은 완전 비선형이다.

1.6 편미분방정식의 해

[정의 1.7] k-계 편미분방정식

$$F\left(D^k u(x), D^{k-1}u(x), \ldots, Du(x), u(x), x\right) = 0, \quad (x \in \Omega \subset \mathbb{R}^n) \tag{1.38}$$

의 해(solution)란 다음 2가지 성질을 만족하는 함수 $u : \Omega \to \mathbb{R}$를 말한다.

(1) 영역 Ω안에서, 모든 지표 $\alpha = 1, 2, \ldots, k$에 대해서, 편미분 $D^\alpha u$가 존재한다.

(2) 함수 $u = u(x)$를 식 (1.38)에 대입하면 등식을 만족한다.

[예제 1.18] 방정식 $u_x(x, y) = 0$의 해를 구하라.

풀이 여기서 우리는 식 (1.38)을 만족하는 함수 $u(x, y)$를 찾는데, 함수 u는 x에 관한 편도함수가 0이므로 x의 값에 상관없이 상수가 되어야 한다. 따라서 $u(x, y) = f(y)$는 y에 관한 임의의 함수이다. 다른 방법으로 해를 구하면 다음과 같다.

$$u(x, y) = \int u_x(x, y)dx = \int 0\, dx = f(y), \quad (f(y) : \text{ 임의의 함수}). \tag{1.39}$$

[예제 1.19] 방정식 $u_{xx}(x, y) + u(x, y) = 0$의 해를 구하라.

풀이 예제 1.18에서 처럼 이 식에는 오직 변수 x에 관한 편도함수만 포함되어 있다. 이러한 경우에 우리는 x변수에 관한 상미분방정식으로 간주해서 문제를 풀면 되는데, 이때 잊지 말아야 할 사실은 적분상수가 x를 제외한 다른 변수의 함수로 표현된다는 점이다. 여기서 주어진 식을 다시 쓰면

$$u_{xx} = -u \tag{1.40}$$

이고 x에 관한 2계 선형 ODE $u''(x) = -u(x)$의 일반해가

$$u = c_1 \cos x + c_2 \sin x \tag{1.41}$$

이다. 그런데 적분상수 c_1과 c_2가 x아닌 다른 변수 y에 관한 임의의 함수로 표현되어야 하므로 주어진 방정식의 일반해는 다음과 같다.

$$u(x, y) = f(y)\cos x + g(y)\sin x, \quad (f, g : \mathbb{R} \to \mathbb{R}\text{는 임의의 함수}). \tag{1.42}$$

[예제 1.20] 방정식 $u_{xy} = 0$의 해를 구하라.

풀이 주어진 방정식은 $u_{xy} = (u_x)_y = 0$이므로 y를 독립변수로 하는 u_x에 대한 ODE로 간주할 수 있다. 따라서 주어진 식의 양변을 y에 관하여 적분하면

$$u_x = f(x), \quad (f : \mathbb{R} \to \mathbb{R}\text{은 임의의 함수}) \tag{1.43}$$

이다. 그런데 이 식은 x를 독립변수로 하는 u에 관한 상미분방정식이므로 x에 관해서 적분하게 되면 구하는 해는

$$u(x, y) = F(x) + G(y), \quad (F, G : \mathbb{R} \to \mathbb{R}\text{은 임의의 함수}) \tag{1.44}$$

이다. ■

[예제 1.21] 영역 $\mathbb{R} \times (0, \infty)$에서 방정식 $u_t(x, t) = u(x, t)$의 해를 구하라.

풀이 여기서 x-변수를 고정시키면 주어진 PDE는 t-변수에 관한 ODE가 된다. 결국 식 $u_t(x, t) = u(x, t)$의 양변을 t에 관해서 적분하면 구하는 해는

$$u(x, t) = f(x)e^t, \quad (f : \mathbb{R} \to \mathbb{R}\text{는 임의의 함수})$$

이다. ■

[예제 1.22] $\mathbb{R}^2$에서 방정식 $u_x(x, y) = u_y(x, x)$의 해를 구하라.

풀이 이 문제는 앞의 예들과는 달리 언뜻 보아서 풀기에 쉽지 않아 보인다. 그러나 간단한 변수 변환을 통해서 아주 단순한 형식으로 변환된다는 것을 알 수 있다. 여기서 변수변환 $z = x - y$와 $w = x + y$ 를 이용하면, 연쇄법칙에 의해서

$$u_x = u_w + u_z, \quad u_y = u_w - u_z$$

가 된다. 따라서 주어진 식을 새로운 변수 (z, w)에 관한 식으로 변환시키면

$$u_z(w, z) = 0$$

으로서 예제 1.18의 형식이다. 그러므로 구하는 해는 임의의 함수 $f : \mathbb{R} \to \mathbb{R}$에 대해서

$$u(w, z) = f(w) \quad \text{또는} \quad u(x, y) = f(x + y)$$

이다. ■

1.7 적합한 문제와 부적합 문제

앞에서 소개한 예제들을 통해서 본 바와 같이 일반적으로 편미분방정식은 하나의 해 집합군(family of solutions)을 갖게 된다. 그러한 해 집합군에서 하나의 해를 선택하는 일은 대개 (초기값 문제의) 초기조건들이나 (경계값 문제의) 경계조건들에 의해서 이루어진다.

그런데 어떤 PDE에 너무 많은 초기조건들이나 경계조건들이 주어지게 되면, 그 문제는 해를 갖지 못할 수도 있다. 반대로 주어진 문제에 너무 적은 수의 초기조건이나 경계조건이 주어지면 그러한 문제는 여러 개의 해들을 갖게 되는 일이 발생한다.

다른 한편으로 비록 적정한 수의 초기조건이나 경계조건들이 주어졌다고 해도 잘못 선택된 점에서 주어진 조건들인 경우에는 해가 불안정하거나 초기조건이나 경계조건의 변화에 적절하게 반응하지 못하는 경우가 있다. 따라서 모든 조건이 잘 갖추어진 적절한 문제를 다루는 것이 바람직하다.

주어진 PDE가 **적합한 문제**(well-posed problem)라고 하는 것은 다음의 3가지 조건을 모두 만족한다는 것을 뜻한다.

1. (해의 존재성) 그 문제가 해를 갖는다.
2. (해의 유일성) 그 문제의 해가 유일하다.
3. (해의 안정성) 그 문제의 해가 주어진 (초기조건이나 경계조건과 같은)데이터에 연속적으로 대응(존재)한다.

앞에서 소개한 세 조건들 중에서 어느 하나라도 충족시키지 않는 PDE를 가리켜서 **부적합 문제**(ill-posed problem)라 한다. 주어진 PDE를 하나의 함수로 본다면, 적합한 문제는 역함수를 갖기 위한 조건에 해당하는 전사성(surjectivity), 단사성(injectivity) 그리고 연속성(continuity)을 갖추고 있는 것과 같다.

해의 안정성이란 데이터(조건들)에 약간의 변화가 생겨도 해에 비슷한 변화를 나타낸다는 것을 의미한다. 이 책에서는 적합한 문제들만 다루지만 부적합한 문제들도 수학적으로 상당히 흥미롭다.

다음 예는 균등거리(uniform metric)가 주어진 연속함수 공간에서 데이터에 대한 해의 연속적인 관계성(의존성)을 나타내고 있다.

[예제 2.23](적합한 문제) 초기값 문제(IVP)

$$\begin{cases} u_{tt}(x,t) &= u_{xx}(x,t), \quad (x,t) \in \mathbb{R} \times (0,\infty); \\ u(x,0) &= u_t(x,0) \quad = 0 \end{cases}$$

는 자명한 해 $u(x,t) = 0$을 갖는다. 그런데 데이터에 약간의 변화를 준 다음 문제

$$\begin{cases} u_{tt}(x,t) &= u_{xx}(x,t), \quad ((x,t) \in \mathbb{R} \times (0,\infty)); \\ u(x,0) &= 0; \\ u_t(x,0) &= \epsilon \sin\left(\frac{x}{\epsilon}\right) \end{cases}$$

는 유일한 해

$$u_\epsilon(x,t) = \epsilon^2 \sin(x/\epsilon)\sin(t/\epsilon)$$

를 갖게 된다. 이 문제의 해에 대한 변화는 함수공간에 주어진 균등거리로 측정하면

$$\sup_{(x,t)} |u_\epsilon(x,t) - u(x,t)| = \epsilon^2 \sup_{(x,t)} |\sin(x/\epsilon)\sin(t/\epsilon)| = \epsilon^2$$

이다. 따라서 데이터상의 약간의 변화가 해에서도 거기에 상응하는 변화가 발생한다는 것을 알 수 있다. □

[예제 2.24](부적합 문제) 초기값 문제(IVP)

$$\begin{cases} u_{tt}(x,t) &= -u_{xx}(x,t), \quad (x,t) \in \mathbb{R} \times (0,\infty); \\ u(x,0) &= u_t(x,0) \quad = 0 \end{cases}$$

는 자명한 해 $u(x,t) = 0$을 갖는다. 그런데 데이터에 약간의 변화를 준 다음 문제

$$\begin{cases} u_{tt}(x,t) &= -u_{xx}(x,t), \quad ((x,t) \in \mathbb{R} \times (0,\infty)); \\ u(x,0) &= 0; \\ u_t(x,0) &= \epsilon \sin\left(\frac{x}{\epsilon}\right) \end{cases}$$

는 유일한 해

$$u^\epsilon(x,t) = \epsilon^2 \sin(x/\epsilon)\sinh(t/\epsilon)$$

를 갖는다. 이 문제에 대한 해의 변화는 함수공간에 균등거리로 측정하면

$$\sup_x |u_t^\epsilon(x,0) - u_t(x,0)| = \epsilon \sup_x |\sin(x/\epsilon)| = \epsilon$$

이고

$$\lim_{t\to\infty} \sup_x |u^\epsilon(x,t) - u(x,t)| = \lim_{t\to\infty} \epsilon^2 |\sinh(t/\epsilon)| = \infty$$

로서 데이터에 약간의 변화가 생겨도 해에는 엄청난 변화가 생기기 때문에 이 문제는 불안정하다. □

1.8 편미분 방정식에 대한 여러 가지 해법들

"편미분방정식 문제를 어떻게 풀 것인가?"는 아주 좋은 질문이다. 주어진 편미분방정식의 해를 구하는 몇 가지 방법들이 있는 데, 가장 보편적인 방법이 PDE를 ODE로 변환하여 푸는 것으로서 다음과 같은 유용한 방법들이 있다.

1. 변수분리법(separation of variables). 이 방법은 n-변수의 PDE를 n-변수 ODE로 변환시켜서 해를 구한다.
2. 적분변환법(Integral transforms). 이 방법은 n-변수 PDE를 $n-1$변수 PDE로 변환시킨다. 따라서 2변수의 PDE를 ODE로 변환시켜서 해를 구할 수 있다.
3. 좌표변환(Change of coordinates). 적절한 좌표 변환을 이용해서 주어진 PDE를 ODE나 다른 PDE로 변환시켜서 해를 구한다.
4. 종속변수의 변환(Transformation of dependent variables). 이 방법으로 주어진 PDE를 좀더 풀기 쉬운 PDE로 만든다.
5. 수치해서학적인 방법(Numerical Method). 주어진 방정식을 점화식을 써서 컴퓨터로 근사해를 구하는 방법이다.
6. 섭동법(Pertubation method). 근사해로 해를 구할 수 있도록 비선형방정식을 선형방정식열로 변환시키는 방법이다.

7. 임펄스(충격) 응답법(Method of impulse-response). 초기값 문제 또는 경계값 문제를 여러 개의 간단한 충격방정식들(impulse equations)로 분해한 다음 해를 구하는 방식이다.

8. 적분방정식법(Method of integral equations). 주어진 PDE를 적분방정식으로 바꾸어 해를 구하는 방식이다.

9. 변수미적분법(Calculus of variations method). 주어진 PDE 문제를 최소화문제(minimization problem)로 재구성하여 해를 구하는 방식이다. (전체 에너지를 나타내는 식과 같은) 어떤 식이 주어진 PDE의 해가 될 수 있다.

10. 고유함수 전개법(Eigenfunction expansion). 주어진 PDE 문제의 해를 (푸리에 급수와 같이) 고유함수들의 무한급수로 전개해서 구하는 방식이다.

1.9 결론

상미분방정식의 일반해는 임의의 상수들을 포함하지만, 편미분방정식에서는 일반해가 상수대신에 임의의 함수들을 포함한다. 실제로는 m계 상미분방정식은 m개의 선형독립인 해들을 갖지만 편미분방정식은 (해에 임의의 함수들이 포함되어 있으므로) 선형독립인 무한히 많은 해를 갖게 된다. 이는 2변수의 함수가 1변수의 함수보다 (전반적인 차원에서) 훨씬 더 많은 정보를 지니고 있다는 사실에 기인한 것이다.

1.10 연습문제

1. 다음 함수의 정의역을 구한 다음 그래프로 스케치하라.

   (a) $z = \frac{1}{\sqrt{1-x^2-y^2}}$

   (b) $z = \sin^{-1}\left(\frac{2x-y}{x+y}\right)$

   (c) $z = \ln(x+y)$

   (d) $z = \ln(25 - x^2 - y^2)$

   (e) $z = \sqrt{6 - 3x - 2y}$

   (f) $z = \frac{xy}{\sqrt{x^2+y^2-4}}$

2. 다음 극한을 구하라.

   (a) $\displaystyle\lim_{(x,y)\to(1,-1)} \cos\frac{x^2+y^3}{x+y+1}$

   (b) $\displaystyle\lim_{(x,y)\to(\pi^3,1/8)} \cos\sqrt[3]{xy}$

   (c) $\displaystyle\lim_{(x,y)\to(1,1)} \frac{3x^2+2y^2-5}{x^2+y^2-2}$

   (d) $\displaystyle\lim_{(x,y)\to(0,0)} \frac{xy}{x^2+y^2}$

   (e) $\displaystyle\lim_{(x,y)\to(0,0)} \frac{\sin(x^2+y^2)}{x^2+y^2}$

   (f) $\displaystyle\lim_{(x,y)\to(0,0)} \frac{xy^2}{x^2+y^4}$

3. 다음 극한이 존재하는지의 여부를 판정라. 만약 극한이 존재하면 그 극한값을 구하고 극한이 존재하지 않는 경우에는 그 이유를 설명하라.

   (a) $\displaystyle\lim_{(x,y)\to(0,0)} \frac{xy}{2x^2+y^2}$

   (b) $\displaystyle\lim_{(x,y)\to(0,0)} \frac{x^4-y^4}{x^2+y^2}$

   (c) $\displaystyle\lim_{(x,y)\to(0,0)} \frac{xy}{\sqrt{2x^2+y^2}}$

   (d) $\displaystyle\lim_{(x,y)\to(0,0)} \frac{x^3+y^3}{x^2+y^2}$

   (e) $\displaystyle\lim_{(x,y)\to(0,0)} \frac{x^2+\sin^2 y}{2x^2+y^2}$

   (f) $\displaystyle\lim_{(x,y)\to(1,0)} \frac{(x-1)^2\ln y}{(x-1)^2+y^2}$

4. 다음 함수의 불연속점을 모두 찾아라.

   (a) $f(x,y) = \frac{x+y}{x^2-2y^2}$

   (b) $g(x,y) = \frac{xy}{x^3-y^3}$

   (c) $h(x,y) = \frac{xy}{x^2-y^2}$

   (d) $k(x,y) = \frac{3x+2y}{2x-3y}$

5. 편미분의 정의를 써서 점 $(x, y) = (2, -1)$에서 함수 $f(x, y) = \frac{x-y}{x+y}$의 1계 편미분 $\frac{\partial f}{\partial x}$와 $\frac{\partial f}{\partial y}$를 구하라.

6. 함수

$$f(x, y) = \begin{cases} (x^2 - xy)/(x + y) & \text{if} \quad (x, y) \neq (0, 0) \\ 0 & \text{if} \quad (x, y) = (0, 0) \end{cases}$$

에 대해서 $f_x(0, 0)$과 $f_y(0, 0)$을 구하라.

7. $z = x^2 \tan^{-1} \frac{x}{y}$일 때, 점 $(1, 1)$에서 $\frac{\partial^2 z}{\partial x \partial y}$를 구하라.

8. $f(x, y) = \begin{cases} xy/(x^2 + y^2), & (x, y) \neq (0, 0) \\ 0 & (x, y) = (0, 0) \end{cases}$ 에 대해서 다음을 증명하라.

   (a) $f_x(x, y)$가 $(0, 0)$에서 불연속이다.

   (b) $f_x(0, 0)$과 $f_y(0, 0)$이 존재한다.

9. 다음 함수들에 대해서 전미분을 구하라.

   (a) $f(x, y) = x^3 y - 4xy^2 + 8y^3$

   (b) $g(x, y) = xy^2 \ln(y/x)$

   (c) $h(x, y, z) = 8xy^2 z^3 - 3x^3 yz$

10. $f(x, y) = 2x^2 - xy + xy^2$이고 $x = \sin t$, $y = t^2 - t + 1$일 때, $t = 1$에서 $\frac{d}{dt} f(x(t), y(t))$를 구하라.

11. $x = r \cos t$, $y = t \sin t$, $z = e^{x^2 y}$일 때, $t = \pi/2$에서 dz/dt를 구하라.

12. $x^3 + y^3 - 3xy = 0$일 때, 다음을 구하라.

   (a) $\frac{dy}{dx}$ (b) $\frac{d^2 y}{dx^2}$

13. $u = f(x, y)$와 $v = g(x, y)$가 모두 미분이 가능하면 $\frac{\partial u}{\partial x} \frac{\partial u}{\partial y} + \frac{\partial v}{\partial x} \frac{\partial v}{\partial y} = 1$이 성립함을 보여라.

14. 다음 연산자들 중에서 어느 것이 선형인가?

(a) $\mathcal{L}u = u_x + xu_y$ (b) $\mathcal{L}u = u_x + uu_y$

(c) $\mathcal{L}u = u_x + u_y^2$ (d) $\mathcal{L}u = u_x + u_y + 1$

15. 각 식에 대해서 계수가 얼마인지, 선형인지 비선형인지, 그리고 제차인지 아니면 비제차인지를 말하고, 그 이유를 설명하라.

(a) $u_t - u_{xx} + 1 = 0$ (b) $u_t - u_{xx} + xu = 0$

(c) $u_t - u_{xxt} + uu_x = 0$ (d) $u_{tt} - u_{xx} + x^2 = 0$

(e) $iu_t - u_{xx} + u/x = 0$ (f) $u_x + e^y u_y = 0$

(g) $u_t + u_{xxxx} + \sqrt{1+u} = 0$ [(h)] $u_x(1+u_x^2)^{-1/2} + u_y(1+u_y^2)^{-1/2} = 0$

16. 임의의 상수 c에 대해서, 함수 $u(x,t) = \cos(x - ct)$가 방정식 $u_t + cu_x = 0$의 해임을 보여라.

17. 3계 선형 상미분방정식 $u'''(x) - 3u''(x) + 4u(x) = 0$의 해집합 V가 벡터공간을 형성한다는 것을 보이고 V의 기저(basis)를 구하라.

18. 임의의 미분가능한 1변수 함수 f와 g에 대해서, 함수 $u(x,y) = f(x)g(y)$가 편미분방정식 $uu_{xy} = u_x u_y$의 해임을 증명하라.

19. 직접 치환을 통해서, 모든 $n > 0$에 대하여, 함수

$$u_n(x,y) = (\sin nx)\,(\sinh ny)$$

가 편미분방정식 $u_{xx} + u_{yy} = 0$의 해임을 보여라.

20. 편미분방정식

$$u_{xy} + u_x = 0$$

의 일반해를 구하라. (힌트: 이 식을 u_x에 관한 ODE로 다루어라).

21. 다음 방정식이 몇 계(oder)인지를 말하고 선형인지 비선형인지를 밝혀라.

(a) $u_t = u_{xx} + 2u_x + u$ (b) $u_t = u_{xx} + e^{-t}$

(c) $u_{xx} + 3u_{xy} + u_{yy} = \sin x$ (d) $u_{tt} = uu_{xxxx} + e^{-t}$

22. 방정식 $u_t = u_{xx}$가 얼마나 많은 해를 갖는가? $u(x,t) = e^{ax+bt}$가 해가 되려면 상수 a와 b가 어떤 관계를 만족해야 하는지를 밝혀라.

23. 다음 편미분방정식의 해가 어떠한 형태로 표현될 수 있는가?

$$\frac{\partial^2 u(x,y)}{\partial x \partial y} = 0$$

24. 다음 식이 포물선형, 쌍곡선형, 타원형 중 어느 유형에 속하는지를 밝혀라.

(a) $u_{tt} - u_{xx} = 0$

(b) $u_{xx} + u_{xy} = 0$

(c) $u_t + u_{xx} = 0$

(d) $yu_{xx} + u_{yy} = 0$

(e) $2xyu_{xy} + xu_y + yu_x = 0$

(f) $u_{xx} + 2yu_{xy} + xu_x - u_x + u = 0$

(g) $u_{xx} + u_{xy} + 5u_{yx} + u_{yy} + 3u_{yz} + u_{zz} = 0$

제 2 장

1계 편미분방정식

이 장의 목적은 1계 편미분방정식

$$F(\nabla u(x), u(x), x) = 0, \quad x \in \mathbb{R}^n$$

와 관련된 문제의 해를 구하는 방법을 소개하는 것이다.

2.1 수송방정식

일정한 속도로 흐르는 (1차원적인)유체의 흐름에서 어떤 물질의 움직임은 그 물질의 부침에 상관없이 다음과 같은 식으로 표현된다.

$$u_t(x,t) + bu_x(x,t) + du(x,t) = cu_{xx}(x,t), \quad (x,t) \in \mathbb{R} \times (0,\infty).$$

여기에서 c는 주어진 물질의 확산계수이며 d는 물질의 상쇄율을 가리킨다. 그리고 함수 $u(x,t)$는 (x,t)에서 물질의 농도나 밀도를 나타낸다. 여기서 유의할 점은 $c = 0$인 비확산성의 경우가 바로 이 절에서 공부하려는 1계 선형방정식에 해당한다는 사실이다.

[예제 2.1] (수송방정식, Transport Equation) 다음 방정식의 해를 구하라.

$$u_t(x,t) + bu_x(x,t) = 0; \quad b \in \mathbb{R}, \quad (x,t) \in \mathbb{R} \times (0,\infty).$$

풀이 이 방정식을 풀기 위해서는 2명의 관찰자 A와 B가 있다고 생각해야 하는데, A는 고정된 상태에 놓여 관찰자이고 B는 모두 물질 O와 같은 방향으로 똑같은 속도로 움직이는 이동 관찰자다.
이동 관찰자 B가 보면 물질 O는 마치 정지상태에 있는 것처럼 보이고 고정 관찰자 A에게는 물질 O가 b의 속도로 이동하는 것처럼 보일 것이다.

그렇다면 이동 관찰자 B의 관점에서 "정지된" 물질 O의 수송방정식은 어떻게 될까? 이 질문에 대한 해답은 A에 대한 B의 좌표계 위치를 확인하는 데에 있다. 시각 $t = 0$에서 점 x를 고정시킨 후, t-시간이 지난 후 고정관찰자 A에 대해서는 x의 위치를 처음 x 그대로 유지시키고 움직이는 관찰자 B에 대해서는 x의 위치를 $x - bt$로 이동시킨다.

그러면 B에 대한 좌표계를 (w, z)라 할 때, $w = x - ct$이고 $z = t$가 된다. 이제 $v(w, z)$가 B의 관점에서 O의 움직임을 설명하는 것으로 하자.

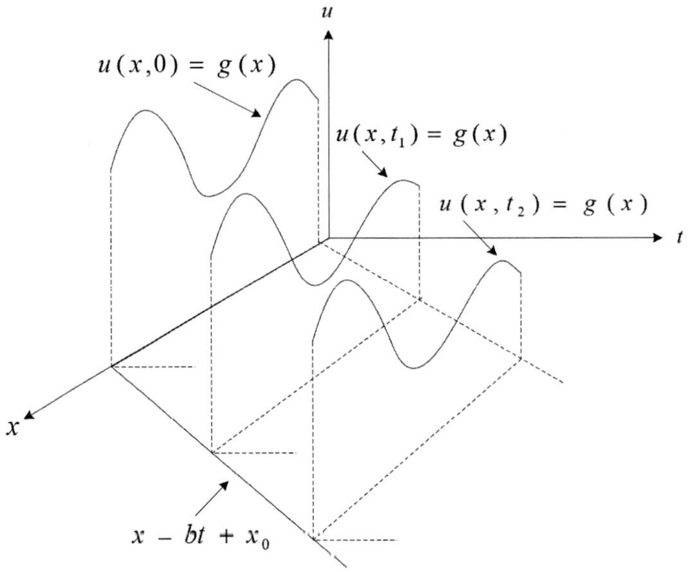

그림 2.1: 초기 데이터 $g(x)$가 주어진 수송방정식

관찰자 B는 O를 정지된 것으로 보기 때문에 O의 움직임을 나타내는 PDE는 $v_z(w, z) = 0$이다. 따라서 어떤 (충분히 미분이 가능한) 임의의 함수 g에 대해서 $v(w, z) = g(w)$가 B의 관점에서 얻은 해이다.

고정관찰자 A의 관점에서 이 문제를 풀려면, 다음 식을 보아야 한다.

$$\begin{cases} u_t &= v_w w_t + v_x z_t = -bv_x + v_z, \\ u_x &= v_u w_c + v_x z_x = v_w. \end{cases}$$

그러므로 $u_t + bu_x = -bw_x + v_x + bv_w = v_x$이고

$$u(x,t) = v(x,t) = g(w) = g(x - bt), \quad \text{(그림 2.1 참조)}$$

이다. 이때 g의 선택은 고전적인 해를 구성하는 방식에 따라 정해진다.

여기서 우리가 주목해야 할 사실은, 임의의 함수 g에 대해서, $g(x) = u(x,0)$인 관계를 만족해야 한다는 점이다. 이때, 방정식 $x - bt = x_0$은 xt-평면에서 시간 $t = 0$에서 x_0에 위치한 물질의 흐름을 추적한다(그림 2.2를 참조바람). 또한

$$0 = u_t + bu_x = (u_x, u_t) \cdot (b,1) = \nabla u \cdot (b,1)$$

는 벡터 $(b,1)$의 방향으로의 방향도함수라는 사실에 주목하라. 이는 우리가 $(b,1)$의 방향으로 움직이면 u가 상수임을 의미한다. 그러므로 직선 $x - bt = x_0$상에서 함수 $u(x,t)$의 값은 상수다.

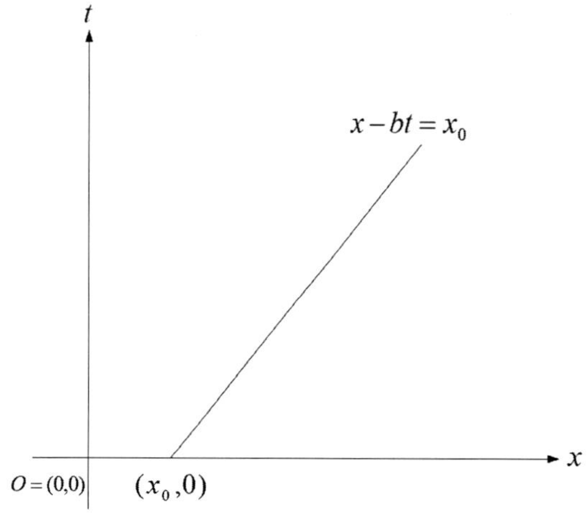

그림 2.2: $b > 0$일 때, 처음 x_0에 위치한 물질이 이동하는 경로

[예제 2.2] (1사분면에서 수송방정식) 제 1사분면에서 수송방정식은

$$u_t(x,t) + bu_x(x,t) = 0; \quad b \in \mathbb{R}, \quad (x,t) \in (0,\infty) \times (0,\infty)$$

으로 표현된다. 이 식의 해는 앞에서 언급한 바와 같이 $g(x) = u(x,0)$인 조건을 만족하는 어떤 함수 g가 존재하여 $u(x,t) = g(x-bt)$의 형식으로 나타난다.

이 문제는 오직 $b<0$인 경우에 대해서만 주어진 영역에서 유일한 해를 갖게 된다. 만약 $b>0$이면 x-축에서 정의된 g를 가지고 이 문제를 풀기에는 부적합하다. 주어진 데이터로는 영역 $\{(x,t) \in (0,\infty) \times (0,\infty) \mid x > bt\}$에서만 u에 대하여 풀기에 충분하다. 영역 $\{(x,t) \in (0,\infty) \times (0,\infty) \mid x > bt\}$에서 u를 계산하려면 t-축 $(0,t)$에 대한 추가적인 데이터가 필요하다. □

[예제 2.3] (반무한 띠에서 수송방정식) 반무한 띠에서 수송방정식은

$$u_t(x,t) + bu_x(x,t) = 0; \qquad b \in \mathbb{R}, \quad (x,t) \in (0,L) \times (0,\infty)$$

로 나타난다. 예제 2.2에서와 마찬가지로 이 식의 해는 $g(x) = u(x,0)$인 함수 g에 의해서 $u(x,t) = g(x-bt)$로 표현된다. 만약 $b>0$이면, x-축과 t-축에 대한 데이터들이 주어지면 이 문제는 잘 갖추어진 것이 된다는 점을 알아야 한다. 그런데 $b<0$인 경우에는, 주어진 문제가 잘 갖추어진 문제가 되려면 데이터가 x-축과 (L,t)-축에 관한 것들로 제공되어야 한다. □

우리는 간단한 PDE를 ODE로 간주하여 ODE해법을 써서 해를 구할 수 있다. 예를 들면 편미분방정식

$$u_x = 0 \tag{2.1}$$

은 x에 대해 상수로 취급받는 y에 관한 임의의 함수 $u(x,y) = f(y)$가 일반해이다.

이 장에서 우리는 모든 1계 선형 PDE를 이미 우리가 알고 있는 ODE의 해법을 적용할 수 있는 ODE로 전환해서 풀 수 있다는 것을 보이겠다. 먼저 간단한 예로 상수계수를 갖는 PDE

$$au_x + bu_y = 0 \tag{2.2}$$

에 대해서 생각해 보도록 하자. 여기서 a와 b는 $a^2+b^2 \neq 0$인 상수들이다. 즉,

a와 b중에 적어도 하나는 0이 아니다. 여기서 $\mathbb{R}^2$에서 내적(스칼라곱 또는 점적)을 활용해서 식 (2.2)을

$$(a,b)\cdot(u_x,u_y)=0 \quad \text{또는} \quad (a,b)\cdot\nabla u=0$$

로 다시 쓸 수 있다. 또한 $\mathbf{v}=(a,b)$를 벡터로 간주하면, 위 식의 좌변은 벡터 $\mathbf{v}$방향으로의 u에 대한 방향편도함수임을 알 수 있다. 따라서 식 (2.2)의 해는 벡터 $\mathbf{v}=a\mathbf{i}+b\mathbf{j}$방향에 관하여 상수가 되어야만 한다.

$\mathbf{v}=(a,b)$에 평행한 직선은, 벡터 $(b,-a)$가 $\mathbf{v}$의 법선벡터(normal vector)이므로, 방정식

$$bx-ay=c \tag{2.3}$$

으로 표현된다. 식 (2.3)에서 c는 방정식 (2.1)에 대한 **특성선**(characteristic line)이라 불리는 평행 직선군에 속한 특정한 직선을 유일하게 결정해 주는 임의의 상수이다.

앞에서 본 바와 같이 $u(x,y)$는 벡터 $\mathbf{v}$방향에서 상수가 되어야 하므로 식 (2.3)으로 표현되는 직선군에 속해야 한다.

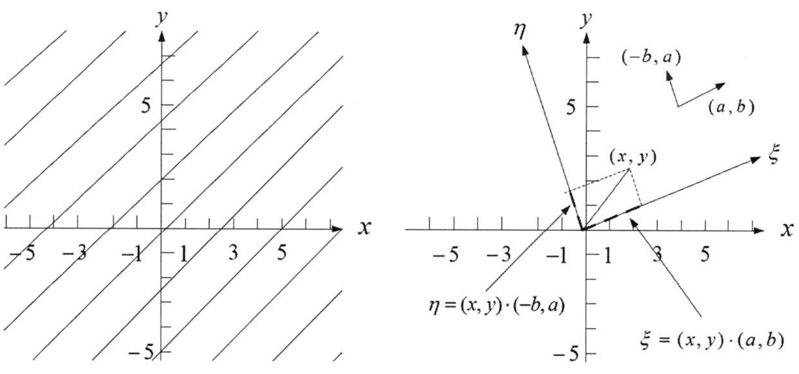

그림 2.3: 특성선과 좌표변환

점 (x,y)를 포함하는 직선은 방정식 $bx-ay=c$에 의해서 결정되므로, 함수 u는 오직 $bx-ay$에 의해서만 결정된다. 즉, $f(x)$가 임의의 함수일 때

$$u(x,y)=f(bx-ay) \tag{2.4}$$

이다. 이 함수 $u(x, y)$가 주어진 방정식의 해가 된다는 것은 주어진 방정식에 직접 대입하여 등식이 성립함을 보이면 된다. 실제로

$$a\frac{\partial}{\partial x}f(bx-ay)+b\frac{\partial}{\partial y}f(bx-ay)=abf'(bx-ay)-baf'(bx-ay)=0$$

임을 알 수 있다. 해를 얻게 되는 이와 같은 기하학적인 설명은, 영(zero)인 도함수를 갖는 함수는 상수함수라는 사실만 인식한다면, 간단히 방정식 (2.2)를 푸는 방법으로부터 쉽게 이해할 수 있다.

그 외에도 주어진 편미분방정식을 상미분방정식(ODE)로 전환해서 푸는 방식의 또 다른 방법으로 접근할 수도 있다.

이 책에서는 먼저 선형미분방정식의 해법을 다루고 난 다음으로 반선형, 준선형 그리고 완전비선형의 경우들로 확장하여 다루기로 하겠다. 여기서는 기하학적으로 쉽게 이해하도록 2변수 함수들에 대한 편미분방정식만을 생각하기로 한다. 이 책에서 소개하는 해법은 보다 일반적인 n-계 편미분방정식으로도 쉽게 확장될 수 있다.

2.2 특성선법(method of characteristics)

특성선법은 주어진 편미분방정식을 특성선들(characteristic curves)로 구성된 상미분반정식계(ODEs)로 바꾸어 푸는 방법이다. 특성선법으로 1계 선형 PDE를 1계 ODE-시스템으로 변환시켜 풀 수 있다.

예를 들어, 다음 1계 2변수 준선형 PDE를 보도록 하자.

$$a(x,y,u)u_x + b(x,y,u)u_y = c(x,y,u). \tag{2.5}$$

이 방정식을 u에 관해서 푼다고 하는 것은 $\mathbb{R}^3$에서 u에 의해서 생성되는 곡면 $S \equiv \{(x,y,u(x,y)) \,|\, (x,y) \in \Omega\}$를 찾는 것과 동일하다.

만약 u가 (2.5)의 해이면, u의 정의역에 속한 각 점 $(x,y) \in \Omega$에서 다음 등식이 성립해야 한다.

$$\begin{aligned} a(x,y,u)u_x + b(x,y,u)u_y &= c(x,y,u), \\ a(x,y,u)u_x + b(x,y,u)u_y - c(x,y,u) &= 0, \\ (a(x,y,u),\, b(x,y,u),\, c(x,y,u)) \cdot (u_x,\, u_y,\, -1) &= 0, \\ (a(x,y,u), b(x,y,u),\, c(x,y,u)) \cdot (\nabla u(x,y), -1) &= 0. \end{aligned}$$

그런데 $(\nabla u(x,y), -1)$은 점 (x,y)에서 해곡면 S에 대한 정규법선 벡터다. 그리고 계수

$$\mathbf{v}(x,y,u) \equiv (a(x,y,u),\, b(x,y,u),\, c(x,y,u))$$

가 법선 $(\nabla u(x,y), -1)$에 수직이므로 $\mathbf{v} = (a(x,y,u),\, b(x,y,u),\, c(x,y,u))$ 는 $(x,y,u) \in \mathbb{R}^3$에서 S의 접평면에 놓이게 된다(그림 (2.4)를 참조바람).

[정의 2.1] $\mathbb{R}^n$에서 매끄러운 곡선(smooth curve)[1] C의 벡터장이 C에 속한 각 점에서 C에 접하면, C를 가리켜서 주어진 벡터장의 **적분곡선**(integral curve) 또는 **특성선**(characteristic curve)이라 한다.

---

[1]매끄러운 곡선(smooth curve)이란 연속인 2계 이상의 도함수를 갖는 함수의 그래프를 말한다(그림 (2.5)를 참조바람).

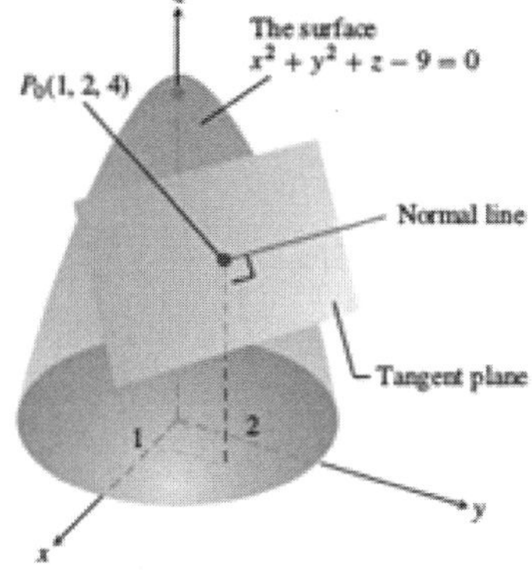

그림 2.4: 곡면 $x^2 + y^2 + z = 9$에서 접평면과 법선

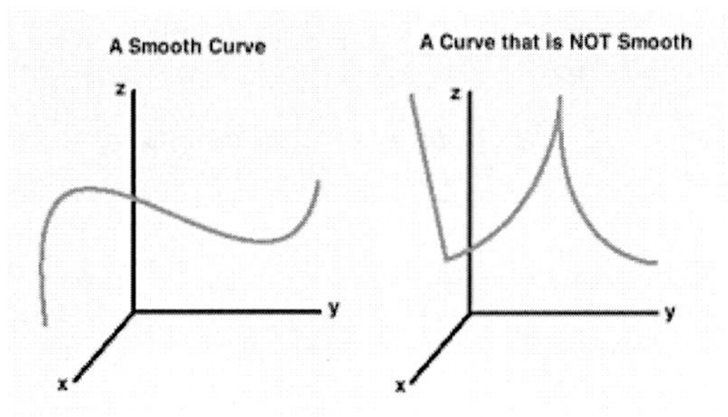

그림 2.5: 매끄러운 곡선(왼쪽)과 매끄럽지 않은 곡선(오른쪽)

[정의 2.2] $\mathbb{R}^n$에서 매끄러운 곡면[2] S의 벡터장이 S에 속한 각 점에서 S에 접하면, S를 가리켜서 주어진 벡터장의 **적분곡면**(그림 (2.6)참조)이라 한다.

위 정의와 논의에 의하여 식 (2.5)의 해를 구하는 것은 (2.5)의 계수들로 구성된 벡터장

$$\mathbf{v}(x, y, u) = (a(x, y, u),\ b(x, y, u),\ c(x, y, u))$$

에 대응하는 적분곡면 S를 찾는 것과 동일하다.

---

[2]매끄러운 곡면(smooth surface)은 연속인 2계 이상의 편도함수들을 갖는 다변수함수의 그래프를 말한다.

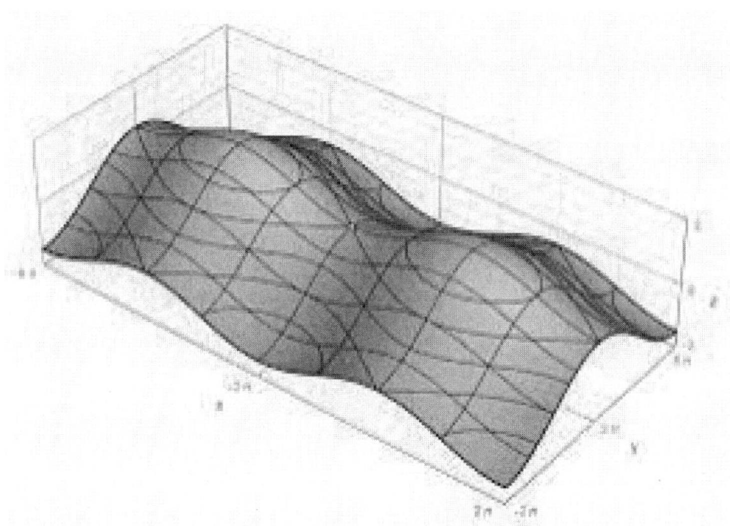

그림 2.6: 적분곡면(Integral surface)

2.3 선형방정식의 해법

다음 1계 선형방정식을 생각하자.

$$a(x,y)u_x + b(x,y)u_y = c(x,y) \tag{2.6}$$

여기서 식 (2.6)의 해 $u(x,y)$를 구할 수 있다고 가정하고, 함수 u의 그래프

$$S \equiv \{(x, y, u(x,y)) \mid \in \Omega\}$$

를 생각하자.

만약 u가 식 (2.6)의 해이면, 각 점 (x,y)에서

$$(a(x,y), b(x,y), c(x,y)) \cdot (u_x(x,y), u_y(x,y), -1) = 0$$

이다. 그런데, 다변수함수론에서 배웠듯이, $N(x,y) = (u_x(x,y), u_y(x,y), -1))$은 점 $(x, y, u(x,y))$에서 곡면 $S = \{(x, y, u(x,y))\}$에 수직인 법선벡터이다.

따라서 벡터 $V = (a(x,y), b(x,y), c(x,y))$가 법선벡터 $N(x,y)$에 수직이므로, 벡터 $V = (a,b,c)$는 곡면 S의 접평면에 놓이게 된다.

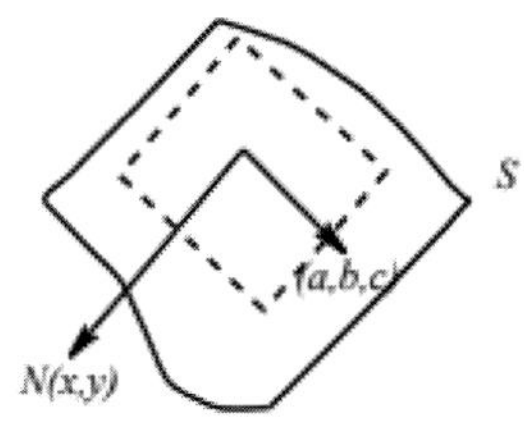

그림 2.7: 곡면위의 법선벡터

결과적으로 식 (2.6)의 해를 구하기 위해서는 곡면 S위에 있는 점 (x, y, z)에서 벡터 $V = (a(x, y), b(x, y), c(x, y))$가 S의 접평면에 놓이게 되는 곡면 S를 찾아야 한다. 그렇다면 이 곡면 S를 어떻게 구성할 수 있겠는가?

먼저, 곡면 S에 놓인 하나의 곡선(curve) $\mathcal{C}$를 찾아 보도록 하자. 이미 언급한 바와 같이, 곡면 S위에 있는 점 (x, y, z)에서 벡터 $(a(x, y), b(x, y), c(x, y))$는 S의 접평면에 놓여 있어야 한다. 그러므로 곡선 $\mathcal{C}$위에 있는 위에 있는 각 점 (x, y, z)에서 벡터 $(a(x, y)$, $b((x, y)$, $c(x, y))$가 곡선 $\mathcal{C}$에 접할(tangent) 수 있도록 $\mathcal{C}$를 변수 s에 의한 매개변수식 $\mathcal{C} = \{x(s), y(s), z(s)\}$로 표현할 수 있다. 특히, 곡선 $\mathcal{C} = \{x(s), y(s), z(s)\}$는 다음과 같은 상미분방정식(ODE) 계의 해가 되어야 한다.

$$\begin{cases} \frac{dx}{ds} &= a\left(x(s), y(s)\right) \\ \frac{dy}{ds} &= b\left(x(s), y(s)\right) \\ \frac{dz}{ds} &= c\left(x(s), y(s)\right) \end{cases} \tag{2.7}$$

이러한 곡선 $\mathcal{C}$를 가리켜서 벡터장 $V = (a(x, y)$, $b((x, y)$, $c(x, y))$에 대응한 **적분곡선**(integral curve)이라 한다.

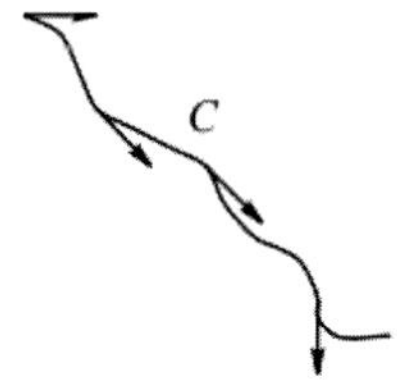

그림 2.8: 적분곡선(Intgral curve)

우리는, 식 (2.6) 형식으로 주어진 편미분방정식에 대해서, 벡터장

$$V = (a(x,y), b(x,y), c(x,y))$$

에 대한 적분곡선들 $\mathcal{C} = \{x(s), y(s), z(s)\}$를 찾는 것이다. 이러한 적분곡선들을 식 (2.6)에 대한 **특성선**(characteristics)이라 한다. 이와 같은 특성선들은 연립미분방정식계 (2.7)을 풀어서 구할 수 있다. 연립미분방정식계 (2.7)을 가리켜서 식 (2.6)에 대한 **특성방정식계**(system of characteristic equations)라 한다.

일단 방정식 (2.6)에 대한 특성선들을 구하게 되면, 이러한 특성선들을 결합시켜 곡면 S를 구성함으로써 (2.6)의 해를 구할 수 있게 된다. 벡터장

$$V = (a(x,y),\ b((x,y),\ c(x,y))$$

가 곡면 $S = \{(x,y,z)\}$상의 점 (x,y,z)에서 S의 접평면에 놓였을 때, 곡면 S를 가리켜서 벡터장 V에 대한 **적분곡면**(integral surface)이라 부른다.

결국 우리는, 이러한 특성방정식들을 도입함을써, 주어진 편미분방정식 (2.6)을 상미분방정식계 (2.7)로 변환시킬 수 있게 되었다. 이제 남은 것은 상미분방정식 이론을 활용하여 특성방정식 (2.7)를 풀어서 특성선들을 결합시킴으로써 곡면 S를 구성하는 일이다. 이러한 곡면 S가 곧 주어진 방정식 (2.6)의 해가 된다.

[예제 2.4] 다음 수송방정식(transport equation)의 해를 구하라.

$$u_t + au_x = 0. \tag{2.8}$$

풀이 식 (2.8)의 특성방정식은 다음과 같다.

$$\begin{cases} \frac{dx}{ds} &= a, \\ \frac{dt}{ds} &= 1, \\ \frac{dz}{ds} &= 0. \end{cases} \tag{2.9}$$

이 식을 풀면 다음과 같은 해를 얻는다.

$$\begin{cases} x(s) &= as + c_1, \\ t(s) &= s + c_2, \\ z(s) &= c_3. \end{cases}$$

여기서 변수 s를 제거하면

$$\begin{cases} x &= xt + x_0, \\ z &= k, \quad (t \in \mathbb{R},\ x_0,\ k:\ \text{상수}) \end{cases}$$

로 표현되는 $\mathbb{R}^3$안에 있는 곡선들(특성선들)을 얻게 된다. 이러한 특성선들의 결합으로 형성된 곡면 S가 식 (2.8)의 적분(해)곡면이다.

여기서 보면 $z(x,t)$는 각 직선 $x = at + x_0$위에서 상수가 되어야 한다. 즉 $z(x,t) = f(x - at)$이다. 그러므로 임의로 주어진 (매끄러운[3])함수 f에 대해 $u(x,t) = f(x - at)$가 식 (2.8)의 일반해이다. 실제로 $u(x,t) = f(x - at)$에 연쇄법칙을 써서 식 (2.8)에 대입해 보면

$$u_t + au_x = -af'(x - at) + af'(x - at) = 0$$

임을 확인할 수 있다. ■

유의 사항 여기서 수송방정식에 관한 몇 가지 유의할 사항들이 있다.

- 식 (2.8)의 해는 각 직선 $x = at + x_0$에서 상수가 되어야 한다. 흔히, 이러한 직선들을 가리켜서 식 (2.8)에 대한 **사영된 특성선**(projected characteristic curves)이라 부른다. 실제로 이러한 직선들은 특성선들을 xt-평면으로 사영시킨 것들이다. 다음 그림 (2.9)은 상수 $a = 2$에 대한 사영된 특성선들을 나타낸 것이다.
- 초기데이터(초기값)는 사영된 특성선들을 따라서 수송(확산)된다. 그러므로 식 (2.8)을 가리켜서 **수송방정식**(trandfort equation)이라 한다.

[3]매끄러운 함수(smooth function)는 무한 번 미분이 가능한 함수이다. C^∞-함수로 표기하기도 한다.

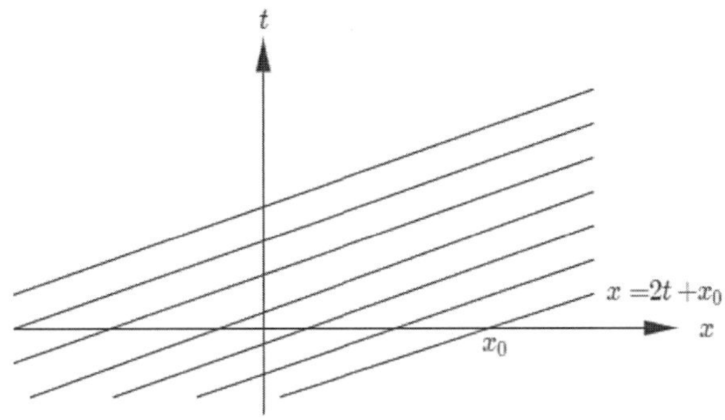

그림 2.9: xt-평면으로 사영된 특성선들

위 예제에서 우리는 수송방정식에 대한 일반해를 구하였다. 그러나 실제 응용에 있어서는 통상적으로 우리는 주어진 편미분방정식을 만족시킬 뿐만 아니라 초기조건이나 경계조건과 같은 부수적인 조건도 함께 만족시키는 해를 구해야 할 때가 많다.

[예제 2.5] 초기조건이 주어진 다음의 수송방정식을 생각하자.

$$\begin{cases} u_t + au_x = 0, \\ u(x,0) = \phi(x). \end{cases} \tag{2.10}$$

앞 예제에서 우리는 방정식

$$u_t + au_x = 0$$

의 일반해가, 임의의 (매끄러운) 함수 f에 대해, $u(x,t) = f(x-at)$형식으로 표현된다는 것을 알았다. 그런데 조건 $u(x,0) = \phi(x)$를 만족하려면

$$f(x) = u(x,0) = \phi(x)$$

가 되어야 하므로 초기값문제 (2.10)의 해는 $u(x,t) = \phi(x-at)$이다.

여기서 잠시동안 우리는 이러한 사실을 알지 못한다고 가정하여 보자. 그리고 어떻게 (2.10)의 해를 구할 수 있을지 생각해 보도록 하자. 앞에서 설명한 바와 같이 우리의 계획은 특성선들을 결합시켜 적분곡면 S를 구성함

으로써 주어진 PDE의 해를 구하려는 것이다. 여기서 우리는 곡면 S가 곡선 $C = \{(x, 0, \phi(x))\}$를 포함해야 한다는 추가조건을 부여하도록 하자. 나중에 알게 되겠지만 이러한 추가조건을 부여하는 것이 전혀 문제가 되지 않는다.

기하학적으로 다음과 같이 설명할 수 있다. 먼저 $\Gamma \equiv \{(x, 0)\}$가 $\mathbb{R}^2$에서 식 (2.10)에 대한 조건(condition)을 나타내는 곡선이라 하자. 그리고 (Γ, ϕ)는 $\mathbb{R}^3$에서 $\{(x, 0, \phi(x))\}$로 표현되는 곡선이라 하자.

이제 해를 구하기 위해서는 먼저 (Γ, ϕ)위에 있는 한 점 $(x_0, 0, \phi(x_0))$을 임의로 선택해야 한다. 다음으로 $(x_0, 0, \phi(x_0))$에서 시작하는 특성선을 구성하도록 하자. 즉, 초기조건

$$\begin{cases} x(0) &= x_0 \\ t(0) &= 0 \\ z(0) &= \phi(x_0) \end{cases}$$

을 만족하는 특성방정식

$$\begin{cases} \frac{dx}{ds} &= a \\ \frac{dt}{ds} &= 1 \\ \frac{dz}{ds} &= 0 \end{cases}$$

을 얻는다.

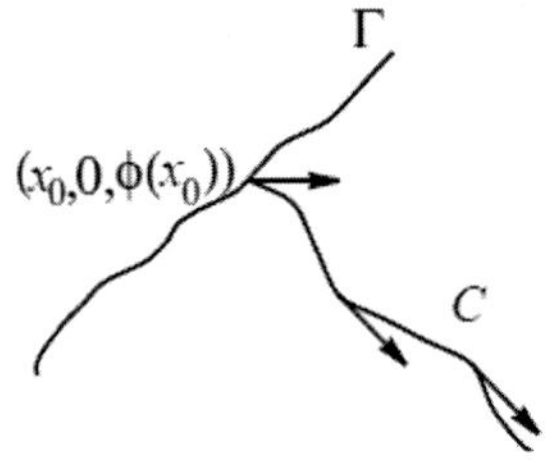

그림 2.10: $(x_0, 0, \phi(x_0))$에서 시작하는 특성선들

만약 (Γ, ϕ)위에 있는 각 점에서 시작하는 특성선들을 구성한 다음 그러한 특성선들을 결합시키게 되면, 벡터장 $(a, 1, 0)$에 대해서 곡선 (Γ, ϕ)를 포함하는 적분곡면 S를 얻게 된다. 이렇게 얻은 적분곡면 S가 곧 식 (2.10)의 해이다.

대수적으로 설명하면 다음과 같다.

(1) 먼저 곡선 Γ를 변수 r에 관한 매개변수함수로 표현하자. 그러면 $\Gamma = \{(r, 0)\}$이 된다. (x_0을 변수로 해서 Γ를 매개변수화 시킬 수도 있지만, 나중에 일관성을 유지하기 위하여, 매개변수 r을 이용하도록 한다.)

(2) 이제 각 r에 대하여 초기조건

$$\begin{cases} x(r,0) &= r, \\ t(r,0) &= 0, \\ z(r,0) &= \phi(r). \end{cases}$$

을 만족하는 다음 방정식의 해를 구해야 한다.

$$\begin{cases} \frac{d}{ds}x(r,s) &= a, \\ \frac{d}{ds}t(r,s) &= 1, \\ \frac{d}{ds}z(r,s) &= 0. \end{cases}$$

(3) 앞에 주어진 식의 해를 구하면

$$\begin{cases} x(r,s) &= as + c_1(r), \\ t(r,s) &= s + c_2(r), \\ z(r,s) &= c_3(r). \end{cases}$$

이다. 여기에 초기조건을 대입하면

$$\begin{cases} x(r,0) &= c_1(r) = r, \\ t(r,0) &= c_2(r) = 0, \\ z(r,0) &= c_3(r) = \phi(r). \end{cases}$$

이 된다. 결과적으로 구하는 해는 다음과 같다.

$$\begin{cases} x(r,s) &= as + r, \\ t(r,s) &= s, \\ z(r,s) &= \phi(r). \end{cases}$$

(4) 이제 변수 r, s를 x와 t에 관한 식으로 표현하면 다음과 같다.

$$\begin{cases} r(x,t) &= x - at, \\ s(x,t) &= t. \end{cases}$$

(5) 따라서 $z(r(x,t), s(x,t)) = \phi(r(x,t)) = \phi(x-at)$이고

$$u(x,t) = z(r(x,t), s(x,t)) = \phi(x-at)$$

가 식 (2.10)의 해이다. 상수 $a = 2$에 대해서 초기조건이 $\phi(x) = e^{-x^2}$인 식 (2.10)의 해의 그래프는 다음과 같다.

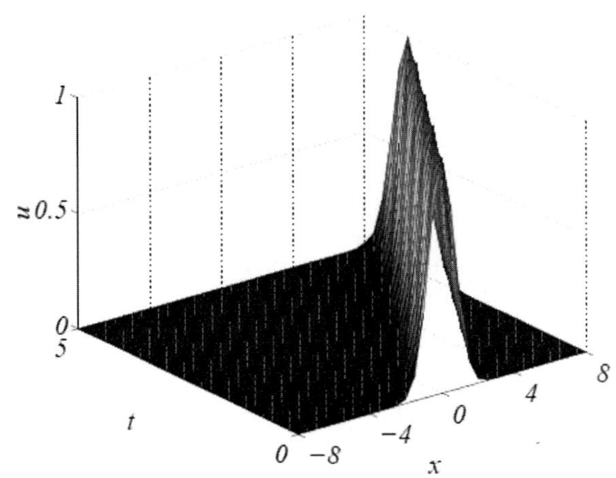

그림 2.11: 초기조건이 $\phi(x) = e^{-x^2}$인 식 (2.10)의 해의 그래프

비특성적인 경계조건(Non-characteristic boundary condition)

앞에서 소개한 예제 2를 보면 $\{(x,0)\}$에 경계조건이 주어져 있다. 그렇다면 xt-평면에서 주어지는 모든 곡선 Γ에 대해서 조건(정보)을 명시해도 되는가? 바로 이 다음에 알게 되겠지만 답은 '아니다(No)'이다.

Γ가 xt-평면에서 주어진 하나의 곡선이라고 하고 다음 문제를 생각하자.

$$\begin{cases} u_t + au_x = 0, \\ u|_\Gamma = \phi. \end{cases} \tag{2.11}$$

이 문제는 **코쉬-문제**(Cauchy Problem)의 한 예이다. 보다 더 일반화시켜 말하자면, $\mathbb{R}^n$에서 주어진 임의의 $(n-1)$-차원 다양체 Γ에 대해서, 식

$$\begin{cases} F(\vec{x}, u, Du) = 0, \\ u|_{\Gamma} = \phi \end{cases}$$

을 만족시키는 함수(해) $u = u(x,t)$를 구하는 문제를 가리켜 **코쉬-문제** (Cauchy problem)라고 부른다.

[참조] $\mathbb{R}^n$에서 $(n-1)$-차원 **다양체**(manifold)란 국소적으로(locally)으로 어떤 함수 $F : \mathbb{R}^{n-1} \to \mathbb{R}$의 그래프로 표현되는 곡면(surface)을 가리킨다. 다음과 같은 경우들이 그 예이다.

(1) 임의로 주어진 함수 $u : \mathbb{R}^{n-1} \to \mathbb{R}$에 대해서

$$\Gamma = \{(x_1, \ldots, x_{n-1}, u(x_1, \ldots, x_{n-1})\}$$

는 $\mathbb{R}^n$에서 $(n-1)$-차원의 다양체다.

(2) 2차원 평면 $\mathbb{R}^2$에서 단위원

$$\Gamma = \{(x,y) \in \mathbb{R}^2 \mid x^2 + y^2 = 1\}$$

는 1차원 다양체다.

이제 우리는 $\mathbb{R}^2$에서 주어진 모든 곡선 Γ에 대해서 코쉬문제 (2.11)이 모두 다 적합(well-posed)하지는 않다는 것을 보이려고 한다. 먼저 xt-평면에서

$$\Gamma = \{(x,t) \mid x - at = 0\}$$

로 정의된 곡선 Γ를 변수 r을 이용해서 다음과 같이 매개변수화 하자.

$$\Gamma = \{(ar, r) \mid r \in \mathbb{R}\}.$$

그리고 Γ에 다음과 같은 경계조건을 보여하도록 하자.

$$u|_{\Gamma} = \phi.$$

여기서 우리는 이 문제가 적합하지 않다고 말할 수 있다. 그 이유는?

수송방정식 (2.11)의 해들이 이 문제에 대한 사영된 각 특성선(직선)

$$\{(x,t) \mid x - at = c\}$$

위에서 상수값을 가져야 한다는 점을 상기하자. 만약 하나의 사영된 특성선 Γ에 조건에 주어져 있다고 한다면 다음 2가지 문제점들이 발생한다.

(1) 만약 $\Gamma = \{(x,t) \mid x - at = 0\}$에 대해서 조건 $u|_\Gamma = \phi$가 주어져 있다고 한다면, 해가 사영된 각 특성선 $\{(x,t) \mid x - at = c\}$위에서 상수값을 가져야 하기 때문에, ϕ는 직선 $x - at = 0$위에서 상수가 되어야 한다.

(2) 직선 $x - at = 0$위에 있지 않은 점들에 대해서는 u의 값들을 결정할 만한 충분한 정보(조건)들이 주어져 있지 않게 된다.

위 곡선 Γ의 선택이 문제가 되는 것은 Γ가 그 자체로 사영된 특성선에 해당하기 때문이다. 주어진 PDE의 적분(해)곡면을 구성하려면 각 $(x,t) \in \Gamma$에 대해서 점 $(x, t, \phi(x,t))$에서 시작하는 특성선들을 만들어야 한다.

그렇게 하려면 곡선 Γ가 어떠한 위치에서도 벡터장 $(a, 1)$에 접해서는 안된다. Γ가 이러한 조건을 만족할 때, 우리는 Γ가 **비특성적**이라고 말한다.

좀더 일반적으로 말해서 Γ가 코쉬문제

$$\begin{cases} a(x,y)u_x + b(x,y)u_y = c(x,y), \\ u|_\Gamma = \phi \end{cases} \tag{2.12}$$

에 대해서 **비특성적**이 되려면 Γ가 사영된 특성선들

$$\{(a(\gamma_1(r), \gamma_2(r)), b(\gamma_1(r), \gamma_2(r)) \mid -\infty < r < \infty\}$$

위의 어느 곳에서도 접하지 말아야 한다. 즉, Γ가 **비특성적**이 되기 위해서는

$$(a(\gamma_1(r), \gamma_2(r)), b(\gamma_1(r), \gamma_2(r)) \cdot \left(-\gamma_2'(r), \gamma_1'(r)\right) \neq 0 \tag{2.13}$$

인 관계를 만족해야 한다.

나중에 알게 되겠지만 Γ가 비특성적일 때에 한해서 코쉬문제 (2.12)이 (최소한 Γ-근방에서) 유일한 해를 갖게 된다

선형 PDE의 해법 요약

이 장에서 지금까지 논했던 사항들을 요약해서 좀 더 정확이 이해하도록 하자.

(1) 먼저 Γ가 $\mathbb{R}^2$에서 다음과 같이 매개변수 r에 의한 함수로 표현된 곡선이라 하자.

$$\Gamma = \{(\gamma_1(r),\ \gamma_2(r))\}$$

(2) 그리고 곡선 Γ위에서 **경계조건** $u|_\Gamma = \phi$가 주어져 있는 다음 **코쉬-문제**를 생각하자.

$$\begin{cases} a(x,y)u_x + b(x,y)u_y = c(x,y), \\ u|_\Gamma = \phi. \end{cases} \tag{2.14}$$

(3) 이제 (2.14)의 특성선들을 결합해서 적분곡선 S를 구성하여 해를 구하려고 한다. 여기서 유의할 사항은 식 (2.14)에 대한 특성선들은 벡터장

$$\mathbf{v} = (a(x,y),\ b(x,y),\ c(x,y))$$

에 접하는 곡선들로 구성된다는 점이다. 이러한 특성선들은 초기조건이

$$\begin{cases} x(r,0) &= \gamma_1(r) \\ y(r,0) &= \gamma_2(r) \\ z(r,0) &= \phi(r) \end{cases}$$

인 다음 특성방정식계의 해를 구함으로써 얻어진다.

$$\begin{cases} \frac{d}{ds}x(r,s) &= a(x,y) \\ \frac{d}{ds}y(r,s) &= b(x,y) \\ \frac{d}{ds}z(r,s) &= c(x,y) \end{cases}$$

상미분방정식(ODE) 이론에 의하여 초기조건이 주어진 위 특성방정식은 유일한 해를 갖는다.

특성방정식을 정의할 때 $z(r,s) = u(x(r,s),\ y(r,s))$로 정의된다. 만약 $(r,s) = H(x,y)$인 관계를 만족하는 함수 H가 존재한다면 식 (2.14)에 대한

유일한 해를

$$u(x,y) = z(r,s) = z\left(H(x,y)\right)$$

와 같은 형태로 구할 수 있게 된다.

어느 경우에 $(r,s) = H(x,y)$인 관계를 만족하는 함수 H가 존재하는지를 알기 위해서는 **역함수 정리**(Inverse Function Theorem)을 활용하면 된다. 역함수 정리를 이해하기 위해서는 먼저 **야코비 함수**(Jacobian function)를 알아야 한다.

우선 $G : U(\subseteq \mathbb{R}^n) \to \mathbb{R}^n$가 C^1-함수라 하자. 그러면 $G = (G^1, \ldots, G^n)$의 형식으로 표현할 수 있는데, 이때 $G^1, \ldots, G^n$은 G의 **성분함수들**(component functions)이다. 그리고 점 $\vec{x}_0 \in \mathbb{R}^n$에서 G의 **야코비언**(Jacobian)을 다음과 같은 행렬식으로 정의한다.

$$JG(\vec{x}_0) = \det \begin{bmatrix} G^1_{x_1}(\vec{x}_0) & G^1_{x_2}(\vec{x}_0) & \cdots & G^1_{x_n}(\vec{x}_0) \\ G^2_{x_1}(\vec{x}_0) & G^2_{x_2}(\vec{x}_0) & \cdots & G^2_{x_n}(\vec{x}_0) \\ \vdots & \vdots & \ddots & \vdots \\ G^n_{x_1}(\vec{x}_0) & G^n_{x_2}(\vec{x}_0) & \cdots & G^n_{x_n}(\vec{x}_0) \end{bmatrix} \tag{2.15}$$

[정리 2.1](역함수 정리) $G : U(\subseteq \mathbb{R}^n) \to \mathbb{R}^n$가 C^1-함수이고 $JG(\vec{x}_0)$이 점 $\vec{x}_0 \in U$에서 야코비언일 때, $JG(\vec{x}_0) \neq 0$인 조건을 만족한다고 하자. 그러면

$$G : V \to W$$

가 일내일 대응(전단사 함수)이고 역힘수

$$G^{-1} W \to V$$

가 C^1이며 $\vec{x}_0 \in V$인 적당한 열린집합(open set) $V(\subset U)$와 $\vec{z}_0 = G(\vec{x}_0) \in W$인 열린집합 $W(\subset \mathbb{R}^n)$가 존재한다.

(증명) 생략한다.

[정리 2.2] 만약 $\Gamma = \{(\gamma_1(r),\, \gamma_2(r))\}$가 관계 (2.13)을 만족하는 비특성적인 곡선이면 $s=0$의 근방에서 함수 $G(r,s) = (x(r,s),\, y(r,s))$에 대한 **국소적인 역함수**(local inverse)를 구할 수 있다. 즉, 각 r_0에 대해서

$$G : V \to W$$

가 일대일 대응이고 역함수

$$G^{-1}W \to V$$

가 C^1이 되는 $(r_0, 0) \in V$인 열린집합 V와

$$G(r_0,0) = (x(r_0,0),\, y(r_0,0)) = (\gamma_1(r_0),\, \gamma_1(r_0)) \in W$$

인 열립집합 W가 존재한다.

증명 역함수 정리를 이용해서 증명하기로 한다. 먼저 r_0를 고정시키자. 정의에 의하여 $G(r,s) = (x(r,s),\, y(r,s))$이므로

$$\begin{aligned} JG(r,s) &= \det \begin{bmatrix} x_r(r,s) & x_s(r,s) \\ y_r(r,s) & y_s(r,s) \end{bmatrix} \\ &= x_r y_s - x_s y_r \end{aligned}$$

이다. 따라서

$$JG(r_0,0) = x_r(r_0,0)y_s(r_0,0) - x_s(r_0,0)y_r(r_0,0)$$

이다.

그런데, 함수 $x(r,s)$와 $y(r,s)$가 상미분방정식들((2.14)의 아래)로 이루어진 특성방정식계에 속하기 때문에, 각 r에 대해서

$$\begin{cases} x_s(r,s) &= a(x(r,s),\, y(r,s)), \\ y_s(r,s) &= b(x(r,s),\, y(r,s)) \end{cases}$$

인 관계를 만족해야 한다. 따라서

$$\begin{cases} x_s(r_0,0) &= a(x(r_0,0),\, y(r_0,0)) = a(\gamma_1(r_0),\, \gamma_2(r_0)), \\ y_s(r_0,0) &= b(x(r_0,0),\, y(r_0,0)) = b(\gamma_1(r_0),\, \gamma_2(r_0)) \end{cases}$$

이다. 또한

$$\begin{cases} x_r(r_0, 0) &= \gamma_1'(r_0), \\ y_r(r_0, 0) &= \gamma_2'(r_0) \end{cases}$$

이다. 그러므로 다음 식이 성립한다.

$$JG(r_0, 0) = \gamma_1'(r_0)b(\gamma_1(r_0)\,\gamma_2(r_0)) - \gamma_2'(r_0)a(\gamma_1(r_0)\,\gamma_2(r_0)). \tag{2.16}$$

여기서 역함수 정리를 이용하면, $JG(r_0, 0) \neq 0$일 때 점 $(r_0, 0)$의 근방에서 G의 역함수가 존재하게 된다.

Γ에 대한 조건 (2.13)에 의하여 Γ가 비특성적일 때 $JG(r_0, 0) \neq 0$임을 알 수 있다. 그러므로 Γ가 비특성적인 상황에서는 언제든지 국소적으로 $G(r, s)$에 대한 역함수를 구할 수 있게 된다. ■

[예제 2.6] 다음 코쉬-문제를 생각하자.

$$\begin{cases} u_t + xu_x = 0, \\ u(x, 0) = \phi(x). \end{cases} \tag{2.17}$$

여기서 곡선 Γ를 변수 r로 매개변수화하여

$$\Gamma = \{(r, 0)\}$$

으로 표현하자. 식 (2.17)에 대한 특성방정식은

$$\begin{cases} \frac{d}{ds}t(r, s) &= 1, \\ \frac{d}{ds}x(r, s) &= x, \\ \frac{d}{ds}z(r, s) &- 0 \end{cases}$$

로 주어지며 초기조건은 다음과 같다.

$$\begin{cases} t(r, 0) &= 0, \\ x(r, 0) &= r, \\ z(r, 0) &= \phi(r). \end{cases}$$

위 특성방정식을 풀면

$$\begin{cases} t(r,s) &= s + c_1(r), \\ x(r,s) &= c_2(r)e^s, \\ z(r,s) &= c_3(r) \end{cases}$$

이다. 여기에 초기조건을 대입하면

$$\begin{cases} t(r,s) &= s, \\ x(r,s) &= re^s, \\ z(r,s) &= \phi(r) \end{cases}$$

이 된다. 이제 변수 r, s를 x와 t에 관한 함수로 표현해 보자. 여기서 주목해야 할 내용은 $\Gamma = \{(x,0)\}$이 비특성적이라는 사실이다. 따라서 r과 s를 다음과 같이 x와 t의 함수로 표현할 수 있다.

$$\begin{cases} r(x,t) &= xe^{-t}, \\ s(x,t) &= t. \end{cases}$$

그러므로

$$u(x,t) = z(r(x,t),\ s(x,t)) = \phi(xe^{-t})$$

이 식 (2.17)의 유일한 해이다. ■

2.4 반선형 방정식의 해법

이 절에서는 다음과 같은 1계 반선형(semi-linear) 편미분방정식에 대한 코쉬-문제를 생각하기로 한다.

$$\begin{cases} a(x,y)u_x + b(x,y)u_y = c(x,y,u), \\ u|_\Gamma = \phi \end{cases} \tag{2.18}$$

여기서는 곡선 Γ가 비특성적(non-characteristic)이라고 가정한다. 여기서 Γ가 비특성적이라는 것은 Γ가 사영된 특성선들의 어느곳에서도 접하지 않는다는 것을 의미한다. 즉 $\Gamma = (\gamma_1(r), \gamma_2(r))$가 다음 관계를 만족한다는 뜻이다.

$$(a(\gamma_1(r),\gamma_2(r)), b(\gamma_1(r),\gamma_2(r))) \cdot \left(-\gamma_2'(r), \gamma_1'(r)\right) \neq 0.$$

앞 절에서 소개한 선형방정식의 경우와 마찬가지로, $u = u(x,y)$가 (2.18)의 해(solution)가 되려면 곡면

$$S = \{(x,y,u(x,y)) : (x,y) \in \Omega\}$$

에 속한 각 점에서 벡터

$$\mathbf{v} = (a(x,y), b(x,y)), c(x,y,u(x,y)))$$

가 곡면 S의 접평면(tangent plane)에 놓여 있어야 한다. 그러므로 코쉬-문제 (2.18)의 해 $u = u(x,y)$는 다음 5가지 과정들을 통해서 구할 수 있다.

[과정1] 식 (2.18)에 있는 편미분방정식(PDE)을 다음과 같은 상미분방정식계(ODEs)로 변환시킨다.

$$\begin{cases} \frac{d}{ds}x(r,s) &=& a(x,y), \\ \frac{d}{ds}y(r,s) &=& b(x,y), \\ \frac{d}{ds}z(r,s) &=& c(x,y,z). \end{cases} \tag{*}$$

[과정2] 식 (2.18)에서 주어진 조건 $u|_\Gamma = \phi$로 부터 다음 초기조건을 유도한다.

$$\begin{cases} x(r,0) &= \gamma_1(r) \\ y(r,0) &= \gamma_2(r), \\ z(r,0) &= \phi(r). \end{cases} \tag{**}$$

[과정3] 상미분방정식 이론을 써서 초기조건 (**)를 만족하는 미분방정식 (*)의 해

$$x = x(r,s), \quad y = y(r,s), \quad z = z(r,s)$$

를 구한다.

[과정4] 변수 r과 s를 x와 y의 함수인

$$r = r(x,y), \quad s = s(x,y)$$

로 표현한다. (이는 Γ가 비특성적이므로 역함수 정리에 의해서 가능하다.)

[과정5] 마지막으로

$$u = u(x,y) = z\left(r(x,y), s(x,y)\right)$$

로 놓으면 $u = z\left(r(x,y), s(x,y)\right)$가 식 (2.18)의 해다.

[예제 2.7] 다음 1계 반선형 코쉬-문제의 해를 구하라.

$$\begin{cases} u_t + au_x = u^2, \\ u(x,0) = \cos x. \end{cases} \tag{2.19}$$

풀이

(1) 식 (2.19)에 대한 특성방정식은 다음과 같다.

$$\begin{cases} \frac{d}{ds}x(r,s) &= 1, \\ \frac{d}{ds}y(r,s) &= a, \\ \frac{d}{ds}z(r,s) &= z^2. \end{cases}$$

(2) 초기조건은 다음과 같이 주어진다.

$$\begin{cases} t(r,0) &= 0, \\ x(r,0) &= r. \\ z(r,0) &= \cos r. \end{cases}$$

참고 위 특성방정식에서 처음 두 식은 z와 상관없이 독립적이므로 해를 구할 수 있다. 실제로 식 (2.19)에 나타난 방정식 $u_t + au_x = u^2$은 다음 절에서 소개될 준선형(quasi-linear)의 형식은 아니다.

(3) (1)에서 주어진 특성방정식의 해를 구하면 다음과 같다.

$$\begin{cases} t(r,s) &= s + c_1(r), \\ x(r,s) &= as + c_2(r), \\ -\frac{1}{z(r,s)} &= s + c_3(r). \end{cases}$$

(4) 여기에 초기조건을 대입하면 다음 결과를 얻는다.

$$\begin{cases} t(r,s) &= s, \\ x(r,s) &= as + r, \\ -\frac{1}{z(r,s)} &= s - \frac{1}{\cos r}. \end{cases}$$

(5) 위 식에서 $s = t$이고 $r = x - at$임을 알 수 있다. 결과적으로 $u(x,t) = z(r,s)$로 놓으면 구하는 해는

$$-\frac{1}{u(x,t)} = t - \frac{1}{\cos(x - at)} \quad \text{또는} \quad u(x,t) = \frac{\cos(x - at)}{1 - t\cos(x - at)}$$

이다. ■

참고 예제 2.7의 해는 곡선 $\Gamma = \{(x,0)\}$의 근방에서 국소적인 해이다. 그러나 이 해는 $t\cos(x - at) = 1$일 때 발산한다. 특히, $t = 1$인 경우에는 $\cos(x - at) = 1$인 점들, 즉 $x = a + 2n\pi$인 점들에서 이러한 발산현상이 나타난다.

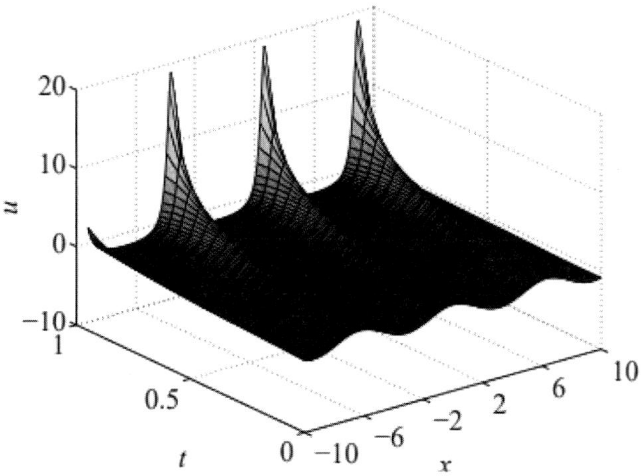

그림 2.12: $x = a + 2n\pi$인 점들에서 생기는 발산현상

[예제 2.8] 다음 반선형 코쉬-문제의 해를 구하라.

$$\begin{cases} u_x + xu_y = u, \\ u(1, y) = h(y). \end{cases} \tag{2.20}$$

풀이

(1) 식 (2.19)에 대한 특성방정식은 다음과 같다.

$$\begin{cases} \frac{d}{ds}x(r,s) &=& 1, \\ \frac{d}{ds}y(r,s) &=& x, \\ \frac{d}{ds}z(r,s) &=& z. \end{cases}$$

(2) 초기조건은 다음과 같다.

$$\begin{cases} x(r,0) &=& 1, \\ y(r,0) &=& r, \\ z(r,0) &=& h(r). \end{cases}$$

(3) 특성방정식과 초기조건 $x(r,0)=1$에 의하여 $x(r,s)=s+1$이다. 따라서 식

$$\frac{d}{ds}y(r,s)=x=s+1$$

을 풀면

$$y(r,s)=\frac{1}{2}s^2+s+c_2(r)$$

이다. 여기에 초기조건 $y(r,0)=r$을 대입하면 다음 결과를 얻는다.

$$y(r,s)=\frac{1}{2}s^2+s+r.$$

(4) 다음으로 식

$$\frac{dz}{ds}=z$$

를 풀면

$$z(r,s)=c_2(r)e^s$$

이다. 여기에 조건 $z(r,0)=h(r)$을 대입시키면 $c_2(r)=h(r)$이므로

$$z(r,s)=h(r)e^s$$

이다.

(5) 이제 변수 r과 s를 x와 y에 관한 식으로 풀면

$$\begin{cases} s &= x-1, \\ r &= y+1-x-\frac{1}{2}(x-1)^2 \end{cases}$$

이 된다. 그러므로 구하는 해는

$$u(x,y)=z(x,y)=h\left(y+1-x-\frac{1}{2}(x-1)^2\right)e^{x-1}$$

이다. ■

2.5 준선형 방정식의 해법

이 절에서는 다음과 같이 xy-평면에 주어진 곡선 Γ에 부여된 조건을 가진 2변수 함수에 대한 1계 준선형방정식으로 표현된 코쉬-문제에 대한 해법을 생각하기로 한다.

$$\begin{cases} a(x,y,u)u_x + b(x,y,u)u_y = c(x,y,u), \\ u|_\Gamma = \phi. \end{cases} \tag{2.21}$$

위 문제에 대한 해법은 다음과 같이 6단계로 진행하여 풀 수 있다.

[1단계] 곡선 Γ를 변수 r로 매개변수화 하여

$$\Gamma = \{(\gamma_1(r),\ \gamma_2(r))\}$$

로 나타낸다.

[2단계] 다음과 같이 특성방정식을 구성한다.

$$\begin{cases} \frac{dx}{ds} &= a(x,y,z), \\ \frac{dy}{ds} &= b(x,y,z), \\ \frac{dz}{ds} &= c(x,y,z). \end{cases} \tag{$*$}$$

[3단계] 식 2.21)에서 주어진 조건 $u|_\Gamma = \phi$로 부터 다음 초기조건을 유도한다.

$$\begin{cases} x(r,0) &= \gamma_1(r) \\ y(r,0) &= \gamma_2(r) \\ z(r,0) &= \phi(r) \end{cases} \tag{$**$}$$

[4단계] 상미분방정식 이론을 써서 초기조건 (∗∗)을 만족하는 미분방정식 (∗)의 해

$$x = x(r,s), \quad y = y(r,s), \quad z = z(r,s)$$

를 구한다.

[5단계] 변수 r과 s를 x와 y의 함수인

$$r = r(x,y), \quad s = s(x,y)$$

로 표현한다.

참고 앞절에서 소개한 역함수 정리에 의해서, Γ가 비특성이면, 즉

$$(a(\gamma_1(r),\gamma_2(r),\phi(r)),\ b(\gamma_1(r),\gamma_2(r),\phi(r)))\cdot(-\gamma_2'(r),\gamma_1'(r)) \neq 0 \tag{2.22}$$

이면, (최소한 $s = 0$의 근방에서) 변수 r과 s를 x와 y의 함수로 표현할 수 있다.

[6단계] 마지막으로

$$u = u(x,y) = z\,(r(x,y), s(x,y))$$

로 놓으면, $u = z\,(r(x,y), s(x,y))$가 식 (2.21)의 해가 된다.

참고 이때 주목해야 할 점은 사영된 특성선들이 변수 x와 y뿐만 아니라 z와도 관련이 있다는 것이다. 특히, 식 (2.21)은 Γ뿐만 아니라 ϕ도 다 함께 연관된다. 결론적으로, 식 (2.22)가 성립할 때 우리는 $(\Gamma,\ \phi)$가 **비특성적인 경계조건**(non-characteristic boundary contition)이라 한다.

반선형(semilinear) PDE와 준선형(quasilinear) PDE의 차이는 특성방정식계 $(*)$에 나타난 처음 두 식들(또는 x와 y)이 반선형 PDE에서는 세 번째 식(또는 변수 z)과 전혀 상관이 없지만 준선형 PDE의 경우에는 세 번째 식(또는 z)와 함께 연동된다는 점이다.

[예제 2.9] 버거 방정식(Burgers' equation) 문제의 해를 구하라.

$$\begin{cases} u_t + uu_x = 0, \\ u(x,0) = \phi(x). \end{cases} \tag{2.23}$$

풀이

(1) 먼저 Γ를 변수 r에 의한 매개변수식으로 표현하면

$$\Gamma = \{(r, 0)\}$$

이다. 그리고

$$\begin{aligned}&(a(\gamma_1(r), \gamma_2(r), \phi(r)),\ b(\gamma_1(r), \gamma_2(r), \phi(r))) \cdot (-\gamma_2'(r), \gamma_1'(r)) \\ &= (u(r,0), 1) \cdot (-\gamma_2'(r), \gamma_1'(r)) = \gamma_1'(r) - \gamma_2'(r)\phi(r) = 1 \neq 0\end{aligned}$$

이므로, Γ가 비특성적이다.

(2) 식 (2.23)에 대한 특성방정식은

$$\begin{cases} \frac{d}{ds}t(r,s) &= 1, \\ \frac{d}{ds}x(r,s) &= z, \\ \frac{d}{ds}z(r,s) &= 0 \end{cases}$$

이고, 초기조건은 다음과 같다.

$$\begin{cases} t(r,0) &= 0, \\ x(r,0) &= r, \\ z(r,0) &= \phi(r). \end{cases}$$

(3) 특성방정식의 해를 구하면 다음과 같다.

$$\begin{cases} t(r,s) &= s + c_1(r), \\ z(r,s) &= c_3(r), \\ x(r,s) &= c_3(r)s + c_2(r). \end{cases}$$

(4) 여기에 초기조건을 대입하면 다음과 같다.

$$\begin{cases} t(r,s) &= s, \\ z(r,s) &= \phi(r), \\ z(r,s) &= \phi(r)s + r. \end{cases}$$

(5) 위 식에서 $s = t$이고 $r = x - \phi(r)s = x - \phi(r)t = x - zt$임을 알 수 있다. 결과적으로, $u(x,t) = z(r,s)$로 놓으면, 식 (2.23)의 해는

$$u(x,t) = \phi(x - ut)$$

로서 음함수 형식으로 표현된다. ■

여기서 우리는 위 예제에서 주어진 문제의 해를 좀 더 자세히 살펴볼 필요가 있다. 먼저

$$x = \phi(r)s + r, \quad t = s \quad \Rightarrow \quad x = \phi(r)t + r$$

로 주어진 특성선들을 생각해 보자. 여기서 초기조건 ϕ가 순감소 함수라고 가정해 보자. 즉, $r_1 < r_2$일 때 $\phi(r_1) > \phi(r_2)$라고 해 보자. 그러면 사영된 두 특성선이 어떤 점 (x_0, t_0)에서 만나게 된다. 이는 무엇을 의미하는가?

다시 한번 특성방정식들에 대해서 살펴보자. 특히, 방정식 $\frac{du}{ds} = 0$의 해 u를 살펴보자. 이러한 해 u는 특성선들을 따라서 상수값을 갖는다는 것을 뜻한다. 그러므로 $u(x_0, t_0) = u(r_1, 0) = \phi(r_1)$이 되어야 한다. 그리고 또 다른 한편으로는 $u_(x_0, t_0) = u(r_2, 0) = \phi(r_2)$가 되어야 한다. 그러나 $\phi(r_1) > \phi(r_2)$이므로 이러한 상황은 모순이 된다. 결국 어떤 변수 $t = t_0$에 대해서 특이한 일(그림 2.13을 참조하기 바람)이 발생한 것이다.

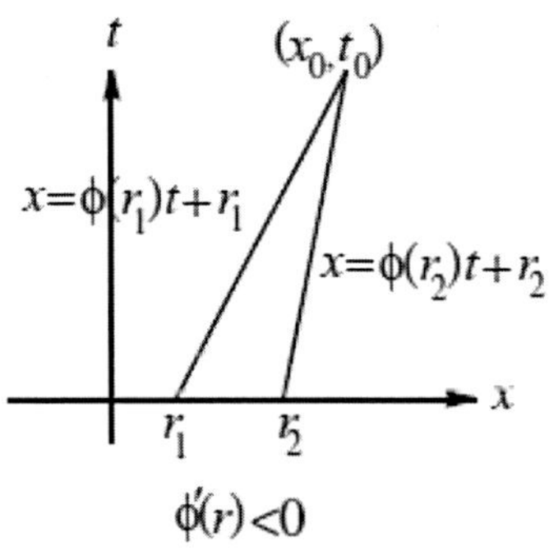

그림 2.13: 두 특성선이 점 (x_0, t_0)에서 만나는 현상

예를 들어, 초기조건이 $\phi(x) = e^{-x^2}$인 문제 (2.13)를 생각해 보자.

만약 $x > 0$이면 $\phi'(x) = -2xe^{-x^2}$이므로, $0 < r_1 < r_2$일 때 $\phi(r_1) > \phi(r_2)$이다. 따라서 앞에서 설명한 바와 같이 사영된 특성선들이 서로 교차하게 된다. 그렇게 되면 해곡선은 어떤 모양이 되겠는가? 다음 그림처럼 파도의 긴 부분이 짧은 부분을 추월함으로써 그 파도가 부서지는 일이 발생하게 되는 것이다.

결국 파도가 부서지는 그 시점에서 해 $u = u(r, s)$는 여러 개의 값들을 갖게 되는 특이현상이 발생한다. 물론 함수가 여러 개의 값을 가질 수는 없다. 결론적으로 다음 그림에 나타난 파도는 그 파도가 부서지는 시점을 지나서는 식 (2.13)의 해가 될 수가 없는 것이다.

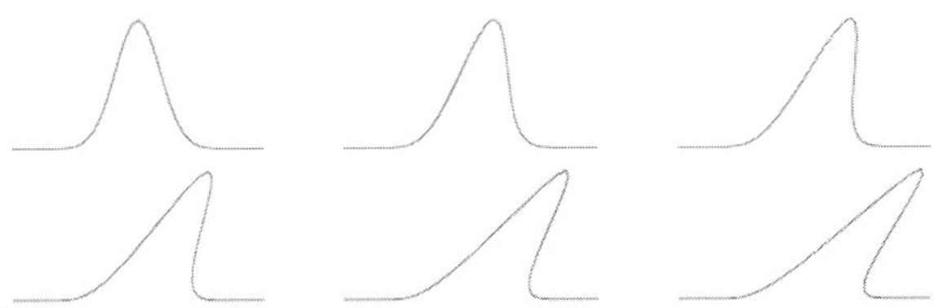

그림 2.14: 부서지는 파도의 모습

만약 $\phi'(x) \geq 0$이면, 사영된 서로다른 특성선들은 서로 교차하지 않기 때문에, u를 정의하는 데에 아무런 문제가 발생하지 않는다.

예를 들어, 초기조건이 $\phi(x) = \tan^{-1} x$로 주어진 문제 (2.13)을 생각해 보자. 다음 그림처럼 파도가 부서지지 않게 됨으로써 부드러운 곡선으로 이루어진 해를 얻을 수 있게 된다.

그림 2.15: 부서지지 않는 파도의 모습

참고 사영된 특성선들이 서로 교차하지 않는 경우에는 해 u를 정의하는 데에 아무런 문제가 발생하지 않는다. 그러나 해 u를 구하는 데에 충분한 조건이 주어지지 않는 경우가 있을 수 있다.

2.6 완전비선형 방정식의 해법

이 절에서는 완전비선형(fully non-linear) 1계 방정식으로 구성된 초기값문제에 대해서 생각해 보기로 하자. 먼저 u가 2변수 함수인 경우에 대해서 생각한 다음 보다 일반적인 경우로 확장해서 다루어 보기로 하겠다. 이제 다음과 같은 형식의 문제를 다루어 보도록 하자.

$$\begin{cases} F(x,y,u,u_x,u_y)=0, \\ u|_\Gamma = 0. \end{cases} \tag{2.24}$$

[예제 2.10] 다음은 완전 비선형 방정식의 예들이다.

(1) $u_x^2+u_y^2=1$ (2) $u_xu_y-1=0$

선형/반선형/준선형 PDE로 구성된 문제들에 대해서는 특성선들을 결합한 적분곡면을 구성해서 해 $u(x,y)$를 얻을 수 있었다. 그러한 특성선들은 다음과 같은 **특성 방향벡터들**(characteristic direction vectors)을 이용하여 만들어 졌다.

$$\mathbf{v}=(a(x,y,z),\, b(x,y,z),\, c(x,y,z)).$$

특히, 코쉬-문제

$$\begin{cases} a(x,y,u)u_x+b(x,y,u)u_y=c(x,y,u), \\ u|_\Gamma=\phi \end{cases} \tag{2.25}$$

에 대해서는 $z(s)=u(x(s),y(s))$로 놓고 특성방정식을

$$\begin{cases} \frac{dx}{ds} &= a(x,y,z), \\ \frac{dy}{ds} &= b(x,y,z), \\ \frac{dz}{ds} &= c(x,y,z) \end{cases}$$

와 같이 정의한 다음 $\mathbb{R}^3$에서 존재하는 곡선 (Γ,ϕ)위의 각 점에서 시작하는 특성선들을 결합시켜 적분곡면을 구성함을써 (2.25)의 해를 얻을 수 있었다.

좀더 일반적으로

$$\begin{cases} p(s) &= u_x(x(s), y(s)) \\ q(s) &= u_y(x(s), y(s)) \end{cases}$$

로 놓고 (2.25)에 나타난 방정식을

$$F(x, y, z, p, q) = a(x, y, z)p + b(x, y, z) - c(x, y, z) = 0$$

로 나타내면 앞에서 정의한 특성방정식은 다음과 같은 식으로 표현된다.

$$\begin{cases} \frac{dx}{ds} &= F_p(x, y, z, p, q), \\ \frac{dy}{ds} &= F_q(x, y, z, p, q), \\ \frac{dz}{ds} &= pF_p(x, y, z, p, q) + qF_q(x, y, z, p, q). \end{cases} \tag{2.26}$$

이렇게 해서 우리는 완전비선형 방정식 (2.24)에 대한 특성방정식을 (2.26)으로 정의하려고 한다. 그러나 일반적으로 (2.26)는 아직 결정되지 않는 불완전한 시스템일 수도 있다. (앞에서 소개했던 특성방정식들은 모두 완전한 것들이었다.)

따라서 우리는 먼저 $p(s)$와 $q(s)$에 대한 식들을 구해야 한다. 여기서 염두에 두어야 할 사항은 $p(s) = u_x(x(s), y(s))$, $q(s) = u_y(x(s), y(s))$로 정의했었다는 사실이다.

그러므로 (2.26)에서 정의된 곡선 $(x(s), y(s))$를 따라서 연쇄법칙을 적용하면 다음 식을 얻는다.

$$\begin{cases} \frac{dp}{ds} = \frac{du_x}{ds} = u_{xx}x'(s) + u_{xy}y'(s) = p_x x'(s) + p_y y'(s) = p_x F_p + p_y F_q, \\ \frac{dq}{ds} = \frac{du_y}{ds} = u_{yx}x'(s) + u_{yy}y'(s) = q_x x'(s) + q_y y'(s) = q_x F_p + q_y F_q. \end{cases}$$

이와 같은 방정식들을 추가하여 식 (2.26)이 완전한 시스템이 될 수 있게 만들려고 한다. 그러나 또한 이러한 방정식들이 p_x, p_y 등의 변수들에 종속되지 않아야 한다.

그럼에도 불구하고 $q_x = (u_y)_x = u_{xy} = (u_x)_y = p_y$인 관계를 이용하면

$$\begin{aligned} \frac{dF}{dx} &= F_x + F_z u_x + F_p u_{xx} + F_q u_{xy} \\ &= F_x + F_x p + F_p P_x + F_q p_y = 0 \end{aligned}$$

임을 알 수 있다. 따라서 다음 관계가 성립한다.

$$p_x F_p + p_y F_q = -F_x - pF_z.$$

마찬가지로

$$\begin{aligned} \frac{dF}{dy} &= F_y + F_z u_y + F_p u_{xy} + F_q u_{yy} \\ &= F_y + F_x q + F_p q_x + F_q q_y = 0 \end{aligned}$$

이므로 다음 관계가 성립한다.

$$q_x F_p + q_y F_q = -F_y - pF_z.$$

결론적으로 우리는 dp/ds와 dq/ds를 다음과 같이 정의할 수 있다.

$$\begin{cases} \frac{dp}{ds} &= -F_x - pF_z, \\ \frac{dq}{ds} &= -F_y - qF_z. \end{cases}$$

위의 내용들을 요약하면, 문제 (2.24)에 대한 특성방정식을 다음과 같은 연립방정식으로 정의할 수 있다.

$$\begin{cases} \frac{dx}{ds} &= F_p(x, y, z, p, q), \\ \frac{dy}{ds} &= F_q(x, y, z, p, q), \\ \frac{dz}{ds} &= pF_p(x, y, z, p, q) + qF_q(x, y, z, p, q), \\ \frac{dp}{ds} &= -F_x(x, y, z, p, q) - pF_z(x, y, z, p, q), \\ \frac{dq}{ds} &= -F_y(x, y, z, p, q) - qF_z(x, y, z, p, q). \end{cases} \tag{2.27}$$

이제 우리는 위와 같은 방정식들을 더하여 식 (2.26)이 완전한 시스템이 될 수 있게 만들려고 한다. 그러나 우리는 이러한 방정식들이 변수 p_x, p_y 등에 종속되지 않게 하려고 한다.

◇ 지금까지 서술한 내용들을 종합적으로 요약하면, 초기값문제 (2.24)에 대한 특성방정식을 다음과 같은 연립방정식으로 정의할 수 있다.

$$\begin{cases} \frac{dx}{ds} &= F_p(x,y,z,p,q), \\ \frac{dy}{ds} &= F_q(x,y,z,p,q), \\ \frac{dz}{ds} &= pF_p(x,y,z,p,q) + qF_q(x,y,z,p,q), \\ \frac{dp}{ds} &= -F_x(x,y,z,p,q) - pF_z(x,y,z,p,q), \\ \frac{dq}{ds} &= -F_y(x,y,z,p,q) - qF_z(x,y,z,p,q). \end{cases} \tag{2.28}$$

위의 미분방정식들 외에도 추가로 5개의 초기조건들이 주어져야 한다. 지금까지 (2.24)과 같은 초기값 문제에 대해서 해 u의 조건들이 곡선 Γ위에서 주어졌었다. 그러므로 앞으로도 $x(r,0)$, $y(r,0)$, $z(r,0)$에 대한 초기조건들도 각각 $\gamma_1(r)$, $\gamma_2(r)$, $\phi(r)$ 형식으로 주어질 것이다.

그러나 식 (2.28)을 풀려면 추가로 초기조건 $p(r,0)$과 $q(r,0)$도 주어져야 한다. 그러기 위해서 우리는 곡선 $\Gamma = (\gamma_1(r), \gamma_2(r), \phi(r))$을 **초기띠**(initial strip)로 대체해야 한다.

또한 p와 q에 대한 초기값들을 임의로 정해서는 안된다. 특히, p와 q에 대한 초기값들은 다음 2가지 조건들을 충족해야만 한다.

(조건1) $p(r,s) = u_x(x(r,s), y(r,s))$, $q(r,s) = u_y(x(r,s), y(r,s))$에 대해서, $p(r,0) = \psi_1(r)$, $q(r,0) = \psi_2(r)$으로 놓았을 때, 다음 등식이 성립해야 한다.

$$F\left(\gamma_1(r), \gamma_2(r), \psi_1(r), \psi_2(r)\right) = 0 \tag{2.29}$$

(조건2) 관계

$$\frac{du}{dr}(r) = \frac{du}{dx}x'(r) + \frac{du}{dy}y'(r)$$

에 의해서, 다음 등식이 성립해야 한다.

$$\phi'(r) = \psi_1(r)\gamma_1'(r) + \psi_2(r)\gamma_2'(r) \tag{2.30}$$

두 식 (2.29)와 (2.30)을 만족하는 $(\Gamma, \phi, \psi) = (\gamma_1, \gamma_2, \psi_1, \psi_2)$를 가리켜서 **허용되는 조건**(admissible condition)이라고 한다.

완전비선형 방정식의 해법 요약

지금까지 논의했던 내용들을 요약하기 위하여, 다음과 같은 완전비선형인 1계 미분방정식으로 구성된 다음 코쉬문제를 생각하도록 하자.

$$\begin{cases} F(x, y, u, u_x, u_2) = 0, \\ u|_\Gamma = \phi \end{cases} \tag{$\star$}$$

여기서 우리는 특성선들을 결합시키는 방법을 써서, 다음 3가지 과정을 통해서, 해 $u = u(x, y)$를 구한다.

(1) 주어진 초기조건

$$(F, \phi) = (\gamma_1(r), \gamma_2(r))$$

으로 부터, 관계식

$$\begin{cases} F(\gamma_1(r), \gamma_2(r), \phi(r), \psi_1(r), \psi_2(r)) = 0 \\ \phi'(r) = \psi_1(r)\gamma_1'(r) + \psi_2(r)\gamma_2'(r) \end{cases}$$

을 만족하는 함수 $\psi_1(r)$과 $\psi_2(r)$을 구한 다음 p와 q에 대한 초기조건을

$$p(r, 0) = \psi_1(r), \quad q(r, 0) = \psi(r)$$

로 정한다. (위 조건들을 충족시키는 $\psi_1(r)$과 $\psi_2(r)$를 구할 수 있다면 (그러한 함수들을 이용해서, 최소한 주어진 곡선 Γ-근방에서) 초기값문제 ($\star$)에 대한 유일한 해를 구할 수 있다.)

(2) 문제 ($\star$)에 대한 특성방정식계는 다음과 같은 5개의 ODE들로 구성된다.

$$\begin{cases} \frac{dx}{ds}(r, s) &= F_p, \\ \frac{dy}{ds}(r, s) &= F_q, \\ \frac{dz}{ds}(r, s) &= pF_p + qF_q, \\ \frac{dp}{ds}(r, s) &= -F_x - pF_z, \\ \frac{dq}{ds}(r, s) &= -F_y - qF_z. \end{cases} \tag{$\star 1$}$$

(3) 위 특성방정식계에 대한 초기조건은 다음과 같다.

$$\begin{cases} x(r,0) &= \gamma_1(r), \\ y(r,0) &= \gamma_2(r), \\ z(r,0) &= \phi(r), \\ p(r,0) &= \psi_1(r), \\ q(r,0) &= \psi_2(r). \end{cases} \tag{$\star$2}$$

초기조건 ($\star$2)를 만족하는 특성방정식계 의 해 ($\star$1)을 구하면 된다.

[예제 2.11] 다음 초기값문제의 해를 구하라.

$$\begin{cases} u_t + au_x = 0, \\ u(x,0) = \sin x, \end{cases}$$

풀이 주어진 PDE를 다음과 같이 나타낼 수 있다.

$$F(x,t,u,u_x,u_t) = ap + q = 0.$$

따라서 이 식에 대한 특성방정식은 다음과 같다.

$$\begin{cases} \frac{dx}{ds}(r,s) &= F_p = a, \\ \frac{dt}{ds}(r,s) &= F_q = 1, \\ \frac{dz}{ds}(r,s) &= pF_p + qF_q = ap + q = 0, \\ \frac{dp}{ds}(r,s) &= -F_x - pF_z = 0, \\ \frac{dq}{ds}(r,s) &= -F_y - qF_z = 0. \end{cases}$$

그리고 직선 $\Gamma = \{(r,0)\}$위에서 초기조건이 $u|_\Gamma = \sin r$이므로

$$\begin{cases} x(r,0) &= r, \\ t(r,0) &= 0, \\ z(r,0) &= \sin r \end{cases}$$

로 나타낼 수 있다.

이제 p와 q에 대한 초기조건을 나타내기 위해서는 다음 조건들을 충족시키는 함수 $\psi_1(r)$과 $\psi_2(r)$을 구해야 한다.

$$\begin{cases} F\left(\gamma_1(r), \gamma_2(r), \phi(r), \psi_1(r), \psi_2(r)\right) = 0 \\ \phi'(r) = \psi_1(r)\gamma_1'(r) + \psi_2(r)\gamma_2'(r) \end{cases}$$

위의 첫번째 식은

$$a\psi_1(r) + \psi_2(r) = 0$$

을 나타내고, 두 번째식은

$$\phi'(r) = \psi_1(r) = \cos r$$

을 뜻한다. 그러므로

$$\psi_2(r) = -a\cos r$$

이다. 지금까지 서술한 내용들을 요약하면, 다음과 같은 식을 얻게 된다.

$$\begin{cases} \frac{dx}{ds}(r,s) &= a, & x(r,0) = r; \\ \frac{dt}{ds}(r,s) &= 1, & t(r,0) = 0; \\ \frac{dz}{ds}(r,s) &= 0, & z(r,0) = \sin r; \\ \frac{dp}{ds}(r,s) &= 0, & p(r,0) = \cos r; \\ \frac{dq}{ds}(r,s) &= 0, & q(r,0) = -a\cos r. \end{cases}$$

위 식을 풀면 다음과 같은 관계식을 얻는다.

$$\begin{cases} x(r,s) &= as + r, \\ t(r,s) &= s, \\ z(r,s) &= \sin r, \\ p(r,s) &- \cos r, \\ q(r,s) &= -a\cos r. \end{cases}$$

여기서 r과 s를 x와 t에 관한 식으로 변환하면

$$s = t, \quad r = x - at$$

이므로, 구하는 해는 $u(x,t) = z(x,t) = \sin(x - at)$이다. ■

[예제 2.12] Γ가 xy-평면에서 반경이 1인 원일 때, 즉

$$\Gamma = \{(x,y) \in \mathbb{R}^2 \mid x^2 + y^2 = 1\}$$

일 때, 다음 초기값문제의 해를 구하라.

$$\begin{cases} u_x^2 + u_y^2 = 1, \\ u|_\Gamma = 0. \end{cases}$$

풀이 여기서 $p = u_x$, $q = u_y$로 놓으면 주어진 PDE는 다음과 같이 나타낼 수 있다.

$$F(x,t,u,u_x,u_t) = p^2 + q^2 - 1 = 0.$$

따라서 이 식에 대한 특성방정식은 다음과 같다.

$$\begin{cases} \frac{dx}{ds}(r,s) &=& F_p = 2p, \\ \frac{dy}{ds}(r,s) &=& F_q = 2q, \\ \frac{dz}{ds}(r,s) &=& pF_p + qF_q = 2p^2 + 2q^2 = 0, \\ \frac{dp}{ds}(r,s) &=& -F_x - pF_z = 0, \\ \frac{dq}{ds}(r,s) &=& -F_y - qF_z = 0. \end{cases}$$

여기서 Γ를 매개변수 r로 표현하면

$$\Gamma = \{(\cos r, \sin r)\}$$

이고 곡선 Γ에서 초기조건이 $u|_\Gamma = 0$이다. 따라서

$$\begin{cases} x(r,0) &=& \cos r \\ y(r,0) &=& \sin r \\ z(r,0) &=& 0 \end{cases}$$

이다.

이제 p와 q에 대한 초기조건을 알기 위해서는 다음 조건들을 충족시키는 함수 $\psi_1(r)$과 $\psi_2(r)$을 구해야 한다.

$$\begin{cases} F(\gamma_1(r), \gamma_2(r), \phi(r), \psi_1(r), \psi_2(r)) = 0, \\ \phi'(r) = \psi_1(r)\gamma_1'(r) + \psi_2(r)\gamma_2'(r). \end{cases}$$

위의 첫번째 식은

$$a\psi_1(r) + \psi_2(r) = 1$$

을 나타내고, 두 번째식은

$$0 = \phi'(r) = \psi_1(r)(-\sin r) + \psi_2(r)\cos r$$

을 뜻한다. 그러므로

$$\begin{cases} \psi_1(r) &= \cos r, \\ \psi_2(r) &= \sin r \end{cases} \quad \text{또는} \quad \begin{cases} \psi_1(r) &= -\cos r, \\ \psi_2(r) &= -\sin r \end{cases}$$

이 되어야 한다.

(1) $\psi_1(r) = \cos r \geq 0, \quad \psi_2(r) = \sin r \geq 0$이면 다음과 같은 식을 얻게 된다.

$$\begin{cases} \frac{dx}{ds}(r,s) &= 2p, & x(r,0) = \cos r; \\ \frac{dy}{ds}(r,s) &= 2q, & y(r,0) = \sin r; \\ \frac{dz}{ds}(r,s) &= 2p^2 + 2q^2, & z(r,0) = 0; \\ \frac{dp}{ds}(r,s) &= 0, & p(r,0) = \cos r; \\ \frac{dq}{ds}(r,s) &= 0, & q(r,0) = \sin r. \end{cases}$$

위 식을 풀면

$$\begin{cases} p(r,s) &= \cos r, \\ t(r,s) &= s, \\ q(r,s) &= \sin r \end{cases}$$

이고

$$\begin{cases} x(r,s) &= (2\cos r)s + \cos r = (2s+1)\cos r, \\ y(r,s) &= (2\sin r)s + \sin r = (2s+1)\sin r, \\ z(r,s) &= 2\left(\cos^2 r + \sin^2 r\right)s = 2s \end{cases}$$

이다. 그러므로

$$x^2 + y^2 = (2s+1)^2 = (z+1)^2$$

이다. 여기서 $u(x,y) = z(r,s)$로 놓으면

$$(u+1)^2 = x^2 + y^2$$

이고 $u = \pm\sqrt{x^2+y^2} - 1$인데, $u \geq 0$이므로 $u(x,y) = \sqrt{x^2+y^2} - 1$이다.

(2) 이제는 $\psi_1(r) = -\cos r \leq 0$이고 $\psi_2(r) = -\sin r \leq 0$이라 하자. 그러면

$$p(r,0) = -\cos r, \quad q(r,0) = \sin r$$

이므로

$$p(r,s) = -\cos r, \quad q(r,s) = \sin r$$

이다. 결과적으로

$$\begin{cases} x(r,s) &= -2s\cos r + \cos r = (-2s+1)\cos r \\ y(r,s) &= -2s\sin r + \sin r = (-2s+1)\sin r \\ z(r,s) &= 2\left[\cos^2 r + \sin^2 r\right] s = 2s \end{cases}$$

이다. 그러므로

$$x^2 + y^2 = (-2s+1)^2 = (-z+1)^2$$

이다. 따라서

$$(1-u)^2 = x^2 + y^2$$

이므로 $u = 1 \pm \sqrt{x^2+y^2}$이다. 그런데 $u \leq 0$이 되어야 하므로

$$u(x,y) = 1 - \sqrt{x^2+y^2}$$

이다. ■

2.7 n-변수를 갖는 1계 PDE에 대한 해법

이 절에서는 n개의 변수들을 갖는 1계 편미분방정식의 해를 구하기 위한 일반적인 방법을 소개한다. 다음과 같은 1계 비선형방정식을 생각하자.

$$F(\vec{x}, u, Du) = 0, \quad x \in \mathbb{R}^n.$$

2변수의 경우에 대해서는 $\mathbb{R}^2$에 있는 곡선 Γ에 대한 조건을 부여했었다.

그러나 n개의 변수를 갖는 1계 편미분방정식을 다루기 위해서는 $\mathbb{R}^n$에 있는 $(n-1)$-다양체 Γ에 대해서 정보(조건)를 제공해야만 한다.

참고 m-차원 **다양체**(manifold)는 국소적으로 어떤 함수 $f : \mathbb{R}^m \to \mathbb{R}$의 그래프로 나타나는 하나의 곡면을 가리킨다.

여기서 우리는

$$\begin{cases} F(\vec{x}, y, u, Du) = 0, & x \in \mathbb{R}^n; \\ u|_\Gamma = \phi \end{cases} \tag{2.26}$$

형식의 코쉬-문제에 대한 해를 구하려고 한다.

먼저, 곡선 Γ를 벡터 $\vec{r} = (r_1, \ldots, r_{n-1}) \in \mathbb{R}^{n-1}$을 이용해서 다음과 같이 매개변수화 한다.

$$\Gamma = \{(\vec{x}, z, \vec{p}) = 0.$$

그리고 $(2n+1)$개의 식들로 구성된 특성방정식을 다음과 같이 구성한다.

$$\begin{cases} \frac{dx_i}{ds} &= F_{p_i}, \\ \frac{dz}{ds} &= \sum_{i=1}^{n} p_i F_{p_i} \\ \frac{dp_i}{ds} &= -F_{x_i} - F_z p_i, \quad (i = 1, 2, \ldots n) \end{cases} \tag{2.27}$$

또한 초기조건을 다음과 같이 구성한다.

$$\begin{cases} x_i(\vec{r}, 0) &= \gamma_i(\vec{r}), \quad \vec{r} \in \mathbb{R}^{n-1}; \\ z(\vec{r}, 0) &= \phi(\vec{r}); \\ p_i(\vec{r}, 0) &= \psi_i(\vec{r}), \quad (i = 1, 2, \ldots, n). \end{cases} \tag{2.28}$$

식 (2.28)에 있는 함수 ψ_i, $(i = 1, \ldots, n)$는 두 가지 관계를 모두 만족하는 식들로 이루어 진다.

첫째, 다음 관계를 만족해야 한다.

$$F(\gamma_1(\vec{r}), \ldots, \gamma_n(\vec{r}), \phi(\vec{r}), \psi_1(\vec{r}), \ldots \psi_n(\vec{r})) = 0.$$

둘째, $i = 1, \ldots, n-1$에 대해서 다음 등식이 성립해야 한다.

$$\frac{\partial u}{\partial r_i}(\vec{r}, 0) = \frac{\partial u}{\partial x_1}\frac{\partial x_1}{\partial r_i} + \cdots + \frac{\partial u}{\partial x_n}\frac{\partial x_n}{\partial r_i}.$$

그런데 $u(\vec{r}, 0) = \phi(\vec{r})$, $x_i(\vec{r}, 0) = \gamma_i(\vec{r})$이고 $u_{x_i} = p_i$이므로, 위의 식은 다음과 같다.

$$\frac{\partial \phi}{\partial r_i} = \psi_1\frac{\partial \gamma_1}{\partial x_i} + \cdots + \psi_n\frac{\partial \gamma_n}{\partial x_i}.$$

그러므로 n개의 미지의 함수 $\psi_1(\vec{r}), \ldots, \psi_n(\vec{r})$과 n의 방정식으로 이루어진 1계 편미분방정식계가 다음과 같은 형식으로 주어진다.

$$\begin{cases} \phi_{r_i} = \psi_1(\vec{r})\frac{\partial \gamma_1}{\partial r_i} + \cdots + \psi_n(\vec{r})\frac{\partial \gamma_n}{\partial r_i}, & (i = 1, \ldots, n-1); \\ F(\gamma_1(\vec{r}), \ldots, \gamma_n(\vec{r}), \phi(\vec{r}), \psi_1(\vec{r}), \ldots, \psi_n(\vec{r})) = 0. & \end{cases}$$

위 식을 만족하는 함수 $\psi_1, \ldots, \psi_n$이 존재하지 않을 수도 있고 존재한다고 했을 때 유일하지 않을지도 모르지만, 위 식을 만족하는 함수 $\psi_1, \ldots, \psi_n$ 존재하는 경우에는 초기조건 (2.28)을 만족하는 (2.27)의 유일한 해를 구할 수 있게 된다.

주어진 다양체 Γ의 근방에서 함수 $\vec{x} = \vec{x}(\vec{r}, s)$를 대입시킬 수 있으려면 초기조건이 **비특성적**(non-characteristic)이라야 한다. 즉

$$\Psi(\vec{r}) = (\psi_1(\vec{r}), \ldots, \psi_n(\vec{r}))$$

로 놓았을 때 $(\Gamma(\vec{r}), \phi(\vec{r}), \Psi(\vec{r}))$가 비특성적이 되기 위해서는

$$\nabla_{\vec{p}}\, F(\Gamma(\vec{r}), \phi(\vec{r}), \Psi(\vec{r})) \cdot N(\Gamma(\vec{r})) \neq 0$$

인 관계를 만족해야 하는데, 여기서 $N(\Gamma(\vec{r}))$는 $(n-1)$-차원 다양체 Γ의 법선벡터(normal vector)를 가리킨다.

◊ 앞에서 설명한 내용을 요약하면, 비특성적인 경계조건 (Γ, ϕ, Ψ)에 대해서 $u(\vec{x}) = z(\vec{r}, s)$로 놓고 초기조건 (2.28)을 가진 방정식 (2.27)의 해를 구하면 코쉬-문제 (2.26)의 국소해(local solution) u를 구할 수 있게 된다.

이러한 내용을 좀 더 자세히 설명하면 다음과 같다.

각 $\vec{r} \in \mathbb{R}^{n-1}$에 대해서, $(\vec{x}(\vec{r}, s), z(\vec{r}, s), \vec{p}(\vec{r}, s))$를 초기조건 (2.28)을 갖는 특성방정식 (2.27)의 해라고 하자. 그러면, 초기조건에 대한 비특성성에 의해서, $s = 0$의 근방에서 함수 $\vec{x}(\vec{r}, s)$을 대입할 수 있다. 즉

$$\vec{r} = \vec{R}(\vec{x}) \quad \& \quad s = S(\vec{x})$$

인 관계를 만족하는 함수 $\vec{R}$과 S를 구할 수 있다. 여기서 Γ의 근방에 속한 $\vec{x}$에 대해서

$$u(\vec{x}) \equiv z(\vec{r}, s) = z(\vec{R}(\vec{x}), S(\vec{x})) \tag{2.29}$$

로 놓았을 때, 다음 정리가 성립한다.

[정리 12](국소적인 해의 존재성) 함수 u를 (2.29)와 같이 정의하면, 다양체 Γ의 근방에 속한 각 $\vec{x}$에 대해서, u가 다음 코쉬-문제의 해이다.

$$\begin{cases} F(\vec{x}, u, Du) = 0, \\ u|_{\Gamma} = \phi. \end{cases} \tag{2.30}$$

증명 $(\vec{x}(\vec{r}, s), z(\vec{r}, s), \vec{p}(\vec{r}, s))$가 조건 (2.28)이 주어진 특성방정식 (2.27)의 해라 하자. 여기서, Γ의 근방에 속한 $\vec{x}$에 대해서, (2.29)와 같이 정의된 함수 $u - u(\vec{x})$가

$$F(\vec{x}, u, Du) = 0$$

인 관계를 만족시킨다는 것을 보이려면 다음 2가지를 증명하면 된다.

(a) 0의 근방에 속한 s에 대해서 $F(\vec{x}(\vec{r}, s), z(\vec{r}, s), \vec{p}(\vec{r}, s)) = 0$이다.

(b) $u_{x_i}(\vec{x}) = p_i(\vec{x})$이다.

(a)를 증명하게 되면, 함수 u의 정의에 의해서, Γ의 근방에 속한 $\vec{x}$에 대해서

$$F(\vec{x}, u, \vec{p}) = 0$$

이 성립한다. 그렇게 되면

$$F(\vec{x}, u, Du) = 0$$

임이 성립한다는 것을 증명한 것이다. ■

2.8 연습문제

1. $t = 0$일 때 $u = \sin x$를 초기조건으로 갖는 1계 선형 PDE $2u_t + 3u_x = 0$을 풀어라.

2. 1계 편미분방정식 $2u_y + u_{xy} = 0$을 풀어라. (힌트: $v = u_y$로 치환하라.)

3. 방정식 $(1 + x^2)u_x + u_y = 0$의 해를 구하고 몇 개의 특성곡선들을 스케치하라.

4. 다음 각 방정식의 특성선을 구하라.

   (a) $2xyu_x - (x^2 + y^2)u_y = 0$.

   (b) $(x^2 - y^2 + 1)u_x - 2xyu_y = 0$.

5. 다음 문제의 해를 구하라.

$$au_x + bu_y + cu = d, \quad (a, b, c, d: \text{ 상수}).$$

6. 다음 초기값 문제의 해를 구하라.

$$xu_x + yu_y = u + 1; \quad u(x, x^2) = x^2.$$

7. 초기조건 $u(0,y) = y$를 갖는 방정식 $\sqrt{1-x^2}u_x + u_y = 0$을 풀어라.

8. 다음에 답하여라.

    (a) 초기조건 $u(0,y) = e^{-y^2}$을 갖는 방정식 $yu_x + xu_y = 0$의 해를 구하라.

    (b) xy-평면에서 해가 유일하게 결정되는 영역은?

9. 초기조건 $u(x,0) = 1$을 만족하는 식 $u_x + u_y - u = 0$의 해를 구하라.

10. 방정식 $3u_x - 2u_y + u = x$의 일반해를 구하라.

11. 직선 $3y + 2x = 1$에서 $u(x,y) = 0$인 조건을 만족하는 $3u_x - 2u_y + u = x$의 해를 구하라.

12. 초기조건 $u(x,0) = 0$을 갖는 방정식 $u_x + u_y + u = e^{x+2y}$의 해를 구하라.

13. 초기조건 $u(x,0) = f(x)$을 갖는 방정식 $u_y + 5u_x = 0$의 특성선들이 모두 직선임을 보여라.

14. $\mathbb{R}^2$에서 점 $(1,1)$을 통과하는 PDE

$$(2x+u)u_x + (2y+u)u_y = u$$

의 특성선은 직선 $x - y = 0$임을 보여라.

15. 다음 코쉬-문제의 해를 구하라.

$$(a) \quad xu_x + yu_y = 2xy, \quad u(x,x^2) = 2.$$
$$(b) \quad uu_x - uu_y = u^2 + (x+y)^2, \quad u(x,0) = 1.$$

16. 다음 방정식의 일반해를 구하라.

$$(a) \quad y^2u_x - xyu_y = x(u-2y).$$
$$(b) \quad yzu_x - xzu_y + xy(x^2+y^2)u_z = 0.$$

17. 초기조건이 주어져 있지 않은 다음의 준선형 방정식을 생각하자.

$$a(x,y,u)u_x + b(x,y,u)u_y = c(x,y,u)$$

여기서 $u_1(x, y)$와 $u_2(x, y)$가 모두 주어진 식의 해라 하자. 그리고 xyz-공간에서 두 곡면

$$u = u_1(x, y)\text{와 } u = u_2(x, y)$$

가 곡선 Γ를 따라서 교차한다고 하자. 그러면 Γ가 특성선임을 보여라.

18. 다음 코쉬-문제를 생각하자.

$$u_t + u_x = 0; \quad \Gamma = \{(x, t) \mid x^2 + t^2 = 1\}, \quad u|_\Gamma(x, t) = x.$$

   (a) 주어진 문제의 해가 존재하지 않는다는 것을 보여라.

   (b) 초기조건이 반원 $\tilde{\Gamma} = \{(x, t) \mid x^2 + t^2 = 1, x + t \le 0\}$위에서만 주어졌다고 했을 때, 해 $u = u(x, t)$가 존재하지만 반원 $\tilde{\Gamma}$의 양 끝점에서 시작하는 특성선들을 따라서는 미분이 가능하지 않음을 보여라.

19. 임의의 함수 $f(x)$에 대해서, 다음 초기값 문제는 해를 가질 수 없음을 보여라.

$$(t - x)u_x - (t + x)u_t = 0; \quad u(x, 0) = f(x), \ (x > 0).$$

20. 다음 초기값 문제를 생각하자.

$$u_t + uu_x = x; \quad u(x, 0) = f(x).$$

   (a) $f(x) = 1$인 경우에 대해서 해를 구하라.

   (b) $f(x) = x$인 경우에 대해서 해를 구하라.

21. 다음 버거스(Burgers) 문제의 해를 구하라.

$$u_t + uu_x = 0; \quad u(x, 0) = 1 - x^2.$$

22. 초기 데이터가 $x_0(s) = y_0(s) = z_0(s) = s$로 주어진 초기값 문제

$$u_x + u_y = 1$$

의 서로 다른 두 해를 구하라. [힌트: (x_0, y_0)가 특성선임을 이용하라.]

23. 초기 데이터가 $x_0(s) = s$, $y_0(s) = 1$, $z_0(s) = e^{-s}$로 주어진 초기값 문제

$$-xu_x + yu_y = xu^2$$

의 해를 구하라.

24. 초기 데이터가 구간 $0 < s < 1$에서 $x_0(s) = y_0(s) = s$, $z_0(s) = s/2$로 주어진 초기값 문제

$$uu_x + u_y = 1$$

의 해를 구하라.

25. 초기 데이터가 구간 $s \in (-\infty, \infty)$에서 $x_0(s) = 0$, $y_0(s) = s$, $u_0(s) = p_0(s) = 1$, $q_0(s) = 0$로 주어진 문제

$$u_x^2 + u_y^2 = x + 1$$

의 해를 구하라.

26. 초기 데이터가 구간 $s \in (0,1)$에서 $x_0(s) = s$, $y_0(s) = 1$, $z_0(s) = s + 1$로 주어진 초기값 문제

$$uu_x + uu_y = 2$$

의 해를 구하라.

27. 다음 코쉬 문제의 해를 구하고 xy-평면상에서 해가 존재하는 영역을 구하라.

(a) $yu_x + xu_y = 2u, \quad u(x,0) = f(x), \quad (x > 0);$

(b) $yu_x + xu_y = 2u, \quad u(0,y) = g(x), \quad (y > 0);$

(c) $u_x + u_y = u^2, \quad u(x,0) = 1, \quad (x \in \mathbb{R}).$

28. 초기 데이터가

$$\begin{cases} x_0(\theta) = a\cos\theta,\ y_0(\theta) = a\sin\theta,\ z_0(\theta) = 1, \\ q_0(\theta) = \sin\theta,\ (0 \le \theta < 2\pi,\ a = \text{상수} > 0) \end{cases}$$

로 주어진 초기값 문제

$$u_x^2 + u_y^2 = 1$$

의 해를 구하라.

제 3 장

2계 편미분방정식

2계 PDE의 일반형은

$$F(D^2u(x),\, Du(x),\, u(x),\, x) = 0 \tag{3.1}$$

이며 $x \in \Omega \subset \mathbb{R}^n$이고 $u : \Omega \to \mathbb{R}$는 미지의 함수다. 2계 편미분방정식에 관한 코쉬(Cauchy)-문제란 다음과 같다.

> 곡면(surface) $\Gamma(\subset \Omega)$위에서 u에 관한 정보(데이터)가 주어져 있을 때 PDE (3.1)의 해를 구하라.

곡면 Γ위에서 u에 관한 정보를 가리켜 '코쉬-데이터(Cauchy-data)'라 한다.

2계-PDE 코쉬-PDE 문제와 연관된 ODE에 관한 초기값 문제

$$\begin{cases} y''(x) + P(x)y'(x) + Q(x)y(x) &= 0, \quad (\text{모든} \quad x \in I\text{에 대해서}); \\ y(x_0) &= y_0, \quad (x_0 \in I); \\ y'(x_0) &= y_0', \quad (x_0 \in I) \end{cases} \tag{3.2}$$

는 "P와 Q가 폐구간 $I = [a, b]$에서 연속일 때 유일한 해를 갖는다"는 사실을 인식하고 해를 구하는 것이다. 이로 부터 2계 PDE 코쉬-문제를 다음과 같이 정의하게 된다.

$$\begin{cases} F\left(D^2u(x),\, Du(x),\, u(x),\, x\right) &= 0, \qquad x \in \Omega(\subset \mathbb{R}^2); \\ u(x) &= g(x), \quad x \in \Gamma; \\ Du(x) \cdot \nu(x) &= h(x), \quad x \in \Gamma. \end{cases} \tag{3.3}$$

위에서 ν는 곡선 Γ상의 법선 벡터함수이고 g와 h는 Γ에서 정의된 함수다.

3.1 2계 선형방정식의 유형과 변환

2계 선형편미분방정식의 일반적인 형식은 다음과 같다.

$$au_{xx} + bu_{xy} + cu_{yy} + du_x + eu_y + fu = g. \tag{3.4}$$

이 식에서 계수 a, b, c, d, e, f, g와 u는 모두 2변수 (x, y)의 함수들이다.

여기서 우리는 2계 선형편미분방정식 (3.4)의 계수 a, b, c에 관한 **판별식**

$$\Delta(x, y) \equiv b^2 - 4ac = b^2(x, y) - 4a(x, y)c(x, y) \tag{3.5}$$

의 부호에 따라서 다음과 같이 3가지 유형으로 분류한다.

[**정의 3.1**] 점 (x_0, y_0)에서 PDE (3.4)를 다음과 같이 정의한다.

(1) $\Delta(x_0, y_0) > 0$이면, 식 (3.4)는 **쌍곡선형**(hyperbolic)이다.

(2) $\Delta(x_0, y_0) = 0$이면, 식 (3.4)는 **포물선형**(parabolic)이다.

(3) $\Delta(x_0, y_0) < 0$이면, 식 (3.4)는 **타원형**(elliptic)이다.

◇ 이제부터 변환

$$\begin{cases} x &= x(\xi, \eta), \\ y &= y(\xi, \eta) \end{cases}$$

가 역변환이 가능하여

$$\begin{cases} \xi &= \xi(x, y), \\ \eta &= \eta(x, y) \end{cases}$$

로 나타낼 수 있다고 가정하고 $u \equiv u(x, y) = u\left(x(\xi, \eta), y(\xi, \eta)\right) = u(\xi, \eta)$로 표현하도록 하자. 다시 말해서

$$\begin{cases} x &= x(\xi, \eta), \\ y &= y(\xi, \eta) \end{cases} \leftrightarrow \begin{cases} \xi &= \xi(x, y), \\ \eta &= \eta(x, y), \end{cases} \quad \begin{aligned} u &= u\left(x(\xi, \eta), y(\xi, \eta)\right) \\ &= u(\xi, \eta) \end{aligned}$$

로 표현할 수 있다고 하자. 그러면 다음과 같은 관계가 성립한다.

$$
\begin{aligned}
u_x &= u_\xi \xi_x + u_\eta \eta_x, \\
u_y &= u_\xi \xi_y + u_\eta \eta_y, \\
u_{xx} &= \frac{\partial}{\partial x}\left(u_\xi \xi_x + u_\eta \eta_x\right) \\
&= u_{\xi\xi}\xi_x^2 + 2u_{\xi\eta}\xi_x\eta_x + u_{\eta\eta}\eta_x^2 + u_\xi \xi_{xx} + u_\eta \eta_{xx}, \\
u_{xy} &= \frac{\partial}{\partial y}\left(u_\xi \xi_x + u_\eta \eta_x\right) \\
&= u_{\xi\xi}\xi_x\xi_y + u_{\xi\eta}\xi_x\eta_y + u_{\eta\xi}\xi_y\eta_x + u_{\eta\eta}\eta_x\eta_y + u_\xi \xi_{xy} + u_\eta \eta_{xy}, \\
u_{yy} &= \frac{\partial}{\partial y}\left(u_\xi \xi_y + u_\eta \eta_y\right) \\
&= u_{\xi\xi}\xi_y^2 + 2u_{\xi\eta}\xi_y\eta_y + u_{\eta\eta}\eta_y^2 + u_\xi \xi_{yy} + u_\eta \eta_{yy}.
\end{aligned}
\tag{3.6}
$$

위 식들을 식 (3.4)에 대입하면 다음 관계가 성립한다.

$$
\begin{aligned}
g - fu &= au_{xx} + bu_{xy} + cu_{yy} + du_x + eu_y \\
&= a\left(u_{\xi\xi}\xi_x^2 + 2u_{\xi\eta}\xi_x\eta_x + u_{\eta\eta}\eta_x^2 + u_\xi \xi_{xx} + u_\eta \eta_{xx}\right) \\
&\quad + b\left(u_{\xi\xi}\xi_x\xi_y + u_{\xi\eta}\xi_x\eta_y + u_{\eta\xi}\xi_y\eta_x + u_{\eta\eta}\eta_x\eta_y + u_\xi \xi_{xy} + u_\eta \eta_{xy}\right) \\
&\quad + c\left(u_{\xi\xi}\xi_y^2 + 2u_{\xi\eta}\xi_y\eta_y + u_{\eta\eta}\eta_y^2 + u_\xi \xi_{yy} + u_\eta \eta_{yy}\right) \\
&\quad + d\left(u_\xi \xi_x + u_\eta \eta_x\right) + e\left(u_\xi \xi_y + u_\eta \eta_y\right) \\
&= (a\xi_x^2 + b\xi_x\xi_y + c\xi_y^2)u_{\xi\xi} + (2a\xi_x\eta_x + b\xi_x\eta_y + b\xi_y\eta_x + 2c\xi_y\eta_y)u_{\xi\eta} \\
&\quad + (a\eta_x^2 + b\eta_x\eta_y + c\eta_y^2)u_{\eta\eta} + (a\xi_{xx} + b\xi_{xy} + c\xi_{yy} + d\xi_x + e\xi_y)u_\xi \\
&\quad + (a\eta_{xx} + b\eta_{xy} + c\eta_{yy} + d\eta_x + \eta_y)u_\eta.
\end{aligned}
$$

여기서

$$
\begin{aligned}
A &= a\xi_x^2 + b\xi_x\xi_y + c\xi_y^2, \\
B &= 2a\xi_x\eta_x + b(\xi_x\eta_y + \xi_y\eta_x) + 2c\xi_y\eta_y, \\
C &= a\eta_x^2 + b\eta_x\eta_y + c\eta_y^2, \\
D &= a\xi_{xx} + b\xi_{xy} + c\xi_{yy} + d\xi_x + e\xi_y, \\
E &= a\eta_{xx} + b\eta_{xy} + c\eta_{yy} + d\eta_x + \eta_y
\end{aligned}
\tag{3.7}
$$

로 놓으면, 식 (3.4)는 변환 $x = x(\xi, \eta)$, $y = y(\xi, \eta)$에 의하여 다음 식으로 표현된다.

$$
Au_{\xi\xi} + Bu_{\xi\eta} + Cu_{\eta\eta} + Du_\xi + Eu_\eta + fu = g. \tag{3.8}
$$

참고 변환 $(x, y) = (x(\xi, \eta), y(\xi, \eta))$가 역변환을 갖기위한 필요충분조건은 다음 관계를 만족하는 것이다.

$$J = \det\begin{vmatrix} \xi_x & \xi_y \\ \eta_x & \eta_y \end{vmatrix} = \xi_x\eta_y - \xi_y\eta_x \neq 0.$$

이제 식 (3.8)에 관한 판별식 $\Delta^* = B^2 - 4AC$를 계산하면 다음과 같다.

$$\begin{aligned} \Delta^* &= B^2 - 4AC \\ &= (2a\xi_x\eta_x + b(\xi_x\eta_y + \xi_y\eta_x) + 2c\xi_y\eta_y)^2 \\ &\quad -4\left(a\xi_x^2 + b\xi_x\xi_y + c\xi_y^2\right)\left(a\eta_x^2 + b\eta_x\eta_y + c\eta_y^2\right) \\ &= (b^2 - 4ac)\left(\xi_x\eta_y - \xi_y\eta_x\right)^2 \\ &= \begin{vmatrix} \xi_x & \xi_y \\ \eta_x & \eta_y \end{vmatrix}^2 (b^2 - 4ac) \\ &= J^2\Delta. \end{aligned}$$

만약 변환 $(x, y) = (x(\xi, \eta), y(\xi, \eta))$가 역변환이 가능하면 $J^2 > 0$이므로 $\Delta = b^2 - 4ac$와 $\Delta^* = B^2 - 4AC$는 서로 같은 부호를 갖게 된다. 따라서 다음 정리가 성립한다.

[정리 3.1] 변환 $T : \mathbb{R}^2 \to \mathbb{R}^2$, $(T(x, y) = (\xi, \eta))$가 역변환이 가능했을 때, 식 (3.4)와 (3.8)의 형식은 서로 같다. □

이제 우리는 식 (3.8)을 해를 구할 수 있는 다음의 3가지 유형의 표준형들 가운데 한 형식으로 변환시키려고 한다.

(1) $u_{\xi\eta} = F(\xi, \eta, u, u_\xi, u_\eta)$ (표준 쌍곡선형) (3.9)

(2) $u_{\eta\eta} = F(\xi, \eta, u, u_\xi, u_\eta)$ (표준 포물선형) (3.10)

(3) $u_{\xi\xi} + u_{\eta\eta} = F(\xi, \eta, u, u_\xi, u_\eta)$ (표준 타원형) (3.11)

◊ 식 (3.8)에서 (식 (3.8)을 참조하면) 계수 A와 C가 같은 형식이다.

만약 $A = 0$이고 $C = 0$이면 식 (3.8)은 다음과 같은 형식으로 변환된다.

$$u_{\xi\eta} = F(u_\xi, u_\eta, u, \xi, \eta). \tag{3.12}$$

$A = C = 0$일 조건은 다음 식을 만족하는 것이다.

$$\begin{aligned} a\xi_x^2 + b\xi_x\xi_y + c\xi_y^2 &= 0, \\ a\eta_x^2 + b\eta_x\eta_y + c\eta_y^2 &= 0 \end{aligned} \tag{3.13}$$

여기서 우리는 위의 두 식을 만족하는 변수 ξ와 η를 구하려고 한다.

식 (3.13)에서 유일한 차이는 첫 번째 식은 변수 ξ에 관한 식이고 두 번째 식은 변수 η에 관한 식이라는 것 뿐이다.

그러므로 $\zeta = \xi$ 또는 $\zeta = \eta$로 놓고 위 식들을 하나로 통일해서 쓰면 식 (3.13)은 다음과 같다.

$$a\zeta_x^2 + b\zeta_x\zeta_y + c\zeta_y^2 = 0. \tag{3.14}$$

[정의 3.2] 식 (3.14)의 해곡선 Γ를 가리켜 방정식 (3.4)의 **특성선**(characteristic curve)이라 부른다.

이제 식 (3.13)의 양변을 ζ_y^2로 나누면 다음식을 얻게 된다.

$$a\left(\frac{\zeta_x}{\zeta_y}\right)^2 + b\left(\frac{\zeta_x}{\zeta_y}\right) + c = 0. \tag{3.15}$$

여기서 일반성을 잃지 않기 위해서 $a \neq 0$이라고 가정하겠다.

| 참고 | 만약 $a = 0$이고 $c \neq 0$인 경우에는 ζ_x/ζ_y대신에 ζ_y/ζ_x를 생각하면 $a \neq 0$이고 $c = 0$인 경우와 같다. 또한 $a = c = 0$인 경우에는, 식 (3.4)는

$$u_{xy} + \frac{d}{b}u_x + \frac{e}{b}u_y + \frac{f}{b}u - g = 0$$

이므로, 표준형 (3.9)에 해당하여 더이상 변환이 필요하지 않다.

◊ 이제 우리는 $\zeta(x,y) = c$(상수)인 성질을 만족하는 변환공식을 찾으려고 한다. 즉, $\xi(x,y) = c_1$이고 $\eta(x,t) = c_2$인 두 변환 $\xi = \xi(x,y)$와 $\eta = \eta(x,y)$를 찾으려 한다.

여기서 우리가 염두에 두어야 할 사항은, 특성곡선 $\zeta(x,y) = c$(상수)로부터, 다음 관계식을 얻는다는 것이다.

$$d\eta = \eta_x dx + \eta_y dy = 0.$$

따라서 특성방정식 (3.14)의 기울기는

$$\frac{dy}{dx} = -\frac{\eta_x}{\eta_y}$$

이고, 이것을 (3.15)에 대입하면 다음 방정식을 얻는다.

$$a\left(\frac{dy}{dx}\right)^2 - b\left(\frac{dy}{dx}\right) + c = 0. \tag{3.16}$$

이 식은 판별식 $\Delta = b^2 - 4ac$의 부호에 따라서 다음 3가지 경우가 생긴다.

(1) $\Delta > 0$인 경우: 식 (3.16)은 다음과 같은 2개의 서로 다른 실수근을 갖는다.

$$\frac{dy}{dx} = \frac{b \pm \sqrt{\Delta}}{2a}.$$

(2) $\Delta = 0$인 경우: 식 (3.16)은 오직 한 개의 2중 실수근을 갖는다.

$$\frac{dy}{dx} = \frac{b}{2a}.$$

(3) $\Delta < 0$인 경우: 식 (3.16)은 다음과 같은 2개의 복소수근을 갖는다.

$$\frac{dy}{dx} = \frac{b \pm i\sqrt{-\Delta}}{2a}.$$

2계 선형 PDE의 표준형으로 변환

I. <u>쌍곡선형인 경우</u>: $\Delta = b^2 - 4ac > 0$인 경우에는 두 방정식

$$\frac{dy}{dx} = \frac{b+\sqrt{\Delta}}{2a} \quad \& \quad \frac{dy}{dx} = \frac{b-\sqrt{\Delta}}{2a} \tag{3.17}$$

의 해가 각각

$$F_1(x,y) = c_1(\text{상수}) \quad \& \quad F_2(x,y) = c_2(\text{상수}) \tag{3.18}$$

일 때

$$\begin{cases} \xi & \equiv & F_1(x,y), \\ \eta & \equiv & F_2(x,y) \end{cases} \tag{3.19}$$

로 치환하면, 식 (3.4)가 표준 쌍곡선형

$$u_{\xi\eta} = \frac{1}{B}(g - Du_\xi - Eu_\eta - fu)$$

로 변환된다. 더 나아가 변수변환

$$\begin{cases} s & \equiv & \xi + \eta, \\ t & \equiv & \xi - \eta \end{cases}$$

를 이용하면, 식 (3.22)는 다음과 같은 형식으로 변환된다.

$$u_{ss} - u_{tt} = F(s,t,u,u_s,u_t).$$

| 참고 | 변수변환 (3.19)에 대한 야코비 행렬식은 다음과 같다.

$$J \equiv \begin{vmatrix} \xi_x & \xi_y \\ \eta_x & \eta_y \end{vmatrix} = \begin{vmatrix} b+\sqrt{\Delta} & -2a \\ b-\sqrt{\Delta} & -2a \end{vmatrix} = -2a\sqrt{\Delta} \neq 0.$$

II. <u>포물선형인 경우</u>: $\Delta = b^2 - 4ac = 0$인 경우에는 다음과 같은 오직 하나의 특성방정식만 주어진다.

$$\frac{dy}{dx} = -\frac{\xi_x}{\xi_y} = \frac{b}{2a}. \tag{3.20}$$

먼저 식 으로부터 (3.20)

$$2a\xi_x + b\xi_y = 0$$

임을 알 수 있다. 또한 $\Delta = b^2 - 4ac = 0$이므로 $c = b^2/(4a)$이다. 따라서

$$\begin{aligned} B &= 2a\xi_x\eta_x + b(\xi_x\eta_y + \xi_y\eta_x) + 2c\xi_y\eta_y \\ &= (2a\xi_x + b\xi_y)\eta_x + (b\xi_x + 2c\xi_y)\eta_y \\ &= \tfrac{b}{2a}(2a\xi_x + b\xi_y) = 0 \end{aligned}$$

이다.

여기서 특성방정식 (3.20)의 해, 즉 $\frac{dy}{dx} = \frac{b}{2a}$의 해가

$$F(x,y) = c(\text{상수})$$

일 때, 변환

$$\begin{cases} \xi &\equiv& F(x,y), \\ \eta &\equiv& x \end{cases} \tag{3.21}$$

로 택하면, 식 (3.4)가 다음과 같은 표준형으로 변환된다.

$$u_{\eta\eta} = F(\xi, \eta, u, u_\xi, u_\eta). \tag{3.22}$$

참고 변수변환 (3.21)에 대한 야코비 행렬식은 다음과 같다.

$$J = \begin{vmatrix} \xi_x & \xi_y \\ \eta_x & \eta_y \end{vmatrix} = \begin{vmatrix} b & -2a \\ 1 & 0 \end{vmatrix} = 2a \neq 0.$$

III. 타원형인 경우: $abc \neq 0$이고 $\Delta = b^2 - 4ac < 0$이라고 가정하자. 이 경우에는 2차방정식 (3.16)이 서로 공액인 2개의 복소수근

$$\frac{dy}{dx} = \frac{b}{2a} \pm i\frac{\sqrt{4ac - b^2}}{2a}$$

를 갖는다. 따라서 이 식의 해를 구하면 다음과 같다.

$$\begin{cases} F_1(x,y) &= y - \int \frac{b}{2a}dx + i\int \frac{\sqrt{4ac-b^2}}{2a}dx = c_1(\text{상수}), \\ F_2(x,y) &= y - \int \frac{b}{2a}dx - i\int \frac{\sqrt{4ac-b^2}}{2a}dx = c_2(\text{상수}). \end{cases}$$

여기서 변수 $\xi = \xi(x,y)$와 $\eta = \eta(x,y)$를 다음과 같이 정의한다.

$$\begin{cases} \xi &\equiv y - \int \frac{b}{2a}dx \left(= \frac{F_1(x,y)+F_2(x,y)}{2} : \quad F_1,\ F_2\text{의 실수부}\right), \\ \eta &\equiv \int \frac{\sqrt{4ac-b^2}}{2a}dx \left(= \frac{F_2(x,y)-F_1(x,y)}{2i} : \quad F_1,\ F_2\text{의 허수부}\right). \end{cases} \tag{3.23}$$

그러면 변환식 (3.8)에 나타난 계수 A, B, C는 다음과 같다.

$$\begin{aligned} A &= a\xi_x^2 + b\xi_x\xi_y + c\xi_y^2 \\ &= a\left(-\tfrac{b}{2a}\right)^2 + b\left(-\tfrac{b}{2a}\right)\cdot 1 + c\cdot 1 \\ &= \tfrac{4ac-b^2}{4a} \neq 0, \\ C &= a\eta_x^2 + b\eta_x\eta_y + c\eta_y^2 \\ &= a\cdot\tfrac{4ac-b^2}{4a^2} + b\cdot\tfrac{\sqrt{4ac-b^2}}{2a}\cdot 0 + c\cdot 0^2 \\ &= \tfrac{4ac-b^2}{4a} = A \neq 0, \\ B &= 2a\xi_x\eta_x + b(\xi_x\eta_y + \xi_y\eta_x) + 2c\xi_y\eta_y = 0, \\ &= 2a\left(-\tfrac{b}{2a}\right)\tfrac{\sqrt{4ax-b^2}}{2a} + b\left(-\tfrac{b}{2a}\cdot 0 + 1\cdot\tfrac{\sqrt{4ac-b^2}}{2a}\right) + 2c\cdot 1\cdot 0 \\ &= 0. \end{aligned}$$

따라서 변수변환 (3.23)에 의해서 식 (3.4)은 $A = C = \frac{4ac-b^2}{4a} \neq 0$이고 $B = 0$인 식 (3.8)로 변환된다. 이제 식 (3.8)의 양변을 $A = C = \frac{4ac-b^2}{4a}$로 나누어 주면 다음 형식의 표준형으로 변환된다.

$$u_{\xi\xi} + u_{\eta\eta} = F(\xi, \eta, u, u_\xi, u_\eta). \tag{3.24}$$

참고 변수변환 (3.23)에 대한 야코비 행렬식은 다음과 같다.

$$J = \begin{vmatrix} \xi_x & \xi_y \\ \eta_x & \eta_y \end{vmatrix} = \begin{vmatrix} -\frac{b}{2a} & 1 \\ \frac{\sqrt{4ac-b^2}i}{2a} & 0 \end{vmatrix} = \frac{\sqrt{4ac-b^2}}{a} \neq 0.$$

[정리 3.2] 2계 선형편미분방정식

$$au_{xx} + bu_{xy} + cu_{yy} + du_x + eu_y + fu = g \qquad (\star)$$

는 그 형식에 따라 다음과 같은 치환에 의하여 표준형으로 변환될 수 있다.

(1) 식 $(\star)$가 쌍곡선형인 경우(즉, $\Delta = b^2 - 4ac > 0$인 경우): 두 방정식

$$\frac{dy}{dx} = \frac{b + \sqrt{\Delta}}{2a}, \qquad \frac{dy}{dx} = \frac{b - \sqrt{\Delta}}{2a}$$

의 해가 각각

$$F_1(x,y) = c_1(\text{상수}), \qquad F_2(x,y) = c_2(\text{상수})$$

일 때, 변수변환

$$\begin{cases} \xi \equiv F_1(x,y), \\ \eta \equiv F_2(x,y) \end{cases}$$

에 의해서, 식 $(\star)$가 표준 쌍곡선형

$$u_{\xi\eta} = F(\xi, \eta, u, u_\xi, u_\eta)$$

로 변환된다.

(2) 식 $(\star)$가 포물선형인 경우(즉, $\Delta = b^2 - 4ac = 0$인 경우): 방정식

$$\frac{dy}{dx} = \frac{b}{2a}$$

의 해가

$$F(x,y) = c(\text{상수})$$

일 때, 변수변환

$$\begin{cases} \xi \equiv F(x,y), \\ \eta \equiv x \end{cases}$$

에 의해서, 식 $(\star)$가 다음과 같은 표준형으로 변환된다.

$$u_{\eta\eta} = F(\xi, \eta, u, u_\xi, u_\eta).$$

(3) 식 $(\star)$가 타원형인 경우(즉, $\Delta = b^2 - 4ac < 0$인 경우): 변수변환

$$\begin{cases} \xi &= y - \int \frac{b}{2a} dx, \\ \eta &= \int \frac{\sqrt{4ac-b^2}}{2a} dx \end{cases}$$

에 의해서, 식 $(\star)$가 다음과 같은 표준형으로 변환된다.

$$u_{\xi\xi} + u_{\eta\eta} = F(\xi, \eta, u, u_\xi, u_\eta). \qquad \square$$

[예제 3.1] 다음 방정식에 대해서 그 유형을 밝히고 표준형으로 변환시킨 후 해를 구하라.

$$3u_{xx} + 10u_{xy} + 3u_{yy} = 0. \tag{3.25}$$

풀이 판별식이 $\Delta = 10^2 - 4 \cdot 3 \cdot 3 = 64 > 0$이므로, 식 (3.25)은 쌍곡선형이고 이 식에 대한 특성방정식

$$\frac{dy}{dx} = \frac{10 \pm \sqrt{\Delta}}{2 \cdot 3} = \frac{10 \pm 8}{6} = 3 \quad \text{또는} \quad \frac{1}{3}$$

의 해는

$$y - 3x = c_1(\text{상수}), \quad y - \frac{1}{3}x = c_2$$

이다. 여기서

$$\xi = y - 3x, \quad \eta = y - \frac{1}{3}x$$

로 치환하자. 그러면

$$\begin{aligned} u_x &= u_\xi \xi_x + u_\eta \eta_x = -3u_\xi - \tfrac{1}{3}u_\eta, \\ u_y &= u_\xi \xi_y + u_\eta \eta_y = u_\xi + u_\eta \end{aligned}$$

이고

$$\begin{aligned} u_{xx} &= -3\left(u_{\xi\xi}\xi_x + u_{\xi\eta}\eta_x\right) - \tfrac{1}{3}\left(u_{\eta\xi}\xi_x + u_{\eta\eta}\eta_x\right) \\ &= 9u_{\xi\xi} + 2u_{\xi\eta} + \tfrac{1}{9}u_{\eta\eta}, \\ u_{xy} &= -3\left(u_{\xi\xi}\xi_y + u_{\xi\eta}\eta_y\right) - \tfrac{1}{3}\left(u_{\eta\xi}\xi_y + u_{\eta\eta}\eta_y\right) \\ &= -3u_{\xi\xi} - \tfrac{10}{3}u_{\xi\eta} - \tfrac{1}{3}u_{\eta\eta}, \\ u_{yy} &= u_{\xi\xi}\xi_y + u_{\xi\eta}\eta_y + u_{\eta\xi}\xi_y + u_{\eta\eta}\eta_y \\ &= u_{\xi\xi} + 2u_{\xi\eta} + u_{\eta\eta} \end{aligned}$$

이므로

$$\begin{aligned} 0 &= 3u_{xx} + 10u_{xy} + 3u_{yy} \\ &= 3\left(9u_{\xi\xi} + 2u_{\xi\eta} + \tfrac{1}{9}u_{\eta\eta}\right) + 10\left(-3u_{\xi\xi} - \tfrac{10}{3}u_{\xi\eta} - \tfrac{1}{3}u_{\eta\eta}\right) \\ &\quad +3\left(u_{\xi\xi} + 2u_{\xi\eta} + u_{\eta\eta}\right) \\ &= -\tfrac{64}{3}u_{\xi\eta} \quad \Longleftrightarrow \quad u_{\xi\eta} = 0 \end{aligned}$$

이다. 여기서 $u_{\xi\eta} = 0$의 해를 구하면

$$u = f(\xi) + g(\eta) = f(y-3x) + g\left(y - x/3\right), \quad (f,\, g: \text{ 임의의 함수})$$

이다. ■

[예제 3.2] 다음 방정식에 대해서 그 유형을 밝히고 표준형으로 변환시킨 후 해를 구하라.

$$u_{xx} + 4u_{xy} + 4u_{yy} = 0. \tag{3.26}$$

풀이 판별식이 $\Delta = 4^2 - 4 \cdot 1 \cdot 4 = 0$이므로, 식 (3.26)은 포물선형이고 이 식에 대한 특성방정식

$$\frac{dy}{dx} = \frac{4}{2 \cdot 1} = 2$$

의 해는

$$y - 2x = c(\text{상수})$$

이다. 여기서

$$\xi = y - 2x, \quad \eta = x$$

로 치환하자. 그러면

$$\begin{aligned} u_x &= u_\xi \xi_x + u_\eta \eta_x = -2u_\xi + u_\eta, \\ u_y &= u_\xi \xi_y + u_\eta \eta_y = u_\xi \end{aligned}$$

이고

$$\begin{aligned} u_{xx} &= -2\left(u_{\xi\xi}\xi_x + u_{\xi\eta}\eta_x\right) + u_{\eta\xi}\xi_x + u_{\eta\eta}\eta_x \\ &= 4u_{\xi\xi} - 4u_{\xi\eta} + u_{\eta\eta}, \\ u_{xy} &= -2\left(u_{\xi\xi}\xi_y + u_{\xi\eta}\eta_y\right) + u_{\eta\xi}\xi_y + u_{\eta\eta}\eta_y \\ &= -2u_{\xi\xi} + u_{\xi\eta}, \\ u_{yy} &= u_{\xi\xi}\xi_y + u_{\xi\eta}\eta_y \\ &= u_{\xi\xi} \end{aligned}$$

이므로

$$\begin{aligned} 0 &= u_{xx} + 4u_{xy} + 4u_{yy} \\ &= \left(4u_{\xi\xi} - 4u_{\xi\eta} + u_{\eta\eta}\right) + 4\left(-2u_{\xi\xi} + u_{\xi\eta}\right) + 4u_{\xi\xi} \\ &= u_{\eta\eta} \qquad \Longleftrightarrow \qquad u_{\eta\eta} = 0 \end{aligned}$$

이다. 이제 식 $u_{\eta\eta} = 0$을 풀면

$$u = \eta f(\xi) + g(\xi) = xf(y-2x) + g(y-2x), \quad (f,\, g: \text{ 임의의 함수})$$

을 얻는다. ■

[예제 3.3] 다음 방정식에 대해서 그 유형을 밝히고 표준형으로 변환하라.

$$u_{xx} + u_{xy} + u_{yy} = 0. \tag{3.27}$$

풀이 판별식이 $\Delta = 1^2 - 4\cdot 1\cdot 1 = -3 < 0$이므로, 식 (3.27)는 타원형이고 이 식에 대한 특성방정식

$$\frac{dy}{dx} = \frac{1 \pm \sqrt{3}i}{2}$$

의 해는

$$\left(y - \frac{1}{2}x\right) \pm i\frac{\sqrt{3}}{2}x = c(\text{상수})$$

이다. 여기서

$$\xi = y - \frac{1}{2}x, \quad \eta = \frac{\sqrt{3}}{2}x$$

로 치환하자. 그러면

$$\begin{aligned} u_x &= u_\xi \xi_x + u_\eta \eta_x = -\tfrac{1}{2}u_\xi + \tfrac{\sqrt{3}}{2}u_\eta, \\ u_y &= u_\xi \xi_y + u_\eta \eta_y = u_\xi \end{aligned}$$

이고

$$\begin{aligned} u_{xx} &= -\tfrac{1}{2}\left(u_{\xi\xi}\xi_x + u_{\xi\eta}\eta_x\right) + \tfrac{\sqrt{3}}{2}\left(u_{\eta\xi}\xi_x + u_{\eta\eta}\eta_x\right) \\ &= \tfrac{1}{4}u_{\xi\xi} - \tfrac{\sqrt{3}}{2}u_{\xi\eta} + \tfrac{3}{4}u_{\eta\eta}, \\ u_{xy} &= -\tfrac{1}{2}\left(u_{\xi\xi}\xi_y + u_{\xi\eta}\eta_y\right) + \tfrac{\sqrt{3}}{2}\left(u_{\eta\xi}\xi_y + u_{\eta\eta}\eta_y\right) \\ &= -\tfrac{1}{2}u_{\xi\xi} + \tfrac{\sqrt{3}}{2}u_{\xi\eta}, \\ u_{yy} &= u_{\xi\xi}\xi_y + u_{\xi\eta}\eta_y = u_{\xi\xi} \end{aligned}$$

이므로

$$\begin{aligned} 0 &= u_{xx} + u_{xy} + u_{yy} \\ &= \left(\tfrac{1}{4}u_{\xi\xi} - \tfrac{\sqrt{3}}{2}u_{\xi\eta} + \tfrac{3}{4}u_{\eta\eta}\right) + \left(-\tfrac{1}{2}u_{\xi\xi} + \tfrac{\sqrt{3}}{2}u_{\xi\eta}\right) + u_{\xi\xi} \\ &= \tfrac{3}{4}\left(u_{\xi\xi} + u_{\eta\eta}\right) \end{aligned}$$

또는

$$u_{\xi\xi} + u_{\eta\eta} = 0$$

이다. ■

[예제 3.4] 다음 방정식에 대해서 쌍곡선형, 포물선형, 타원형이 될 수 있는 각 영역을 xy-평면에 표현한 다음, 각 영역에서 주어진 방정식을 표준형으로 변환하라.

$$xu_{xx} + u_{yy} = x^2. \tag{3.28}$$

풀이 식 (3.28)에서 $a = x$, $b = 0$, $c = 1$이므로 편별식은

$$\Delta = b^2 - 4ac = -4x \tag{3.29}$$

이다.

(1) 주어진 식 (3.28)이 쌍곡선형이 되는 영역은

$$D_1 = \{(x, y) \in \mathbb{R}^2 \mid x < 0\}$$

이다. 그리고 영역 D_1에서 방정식

$$\frac{dy}{dx} = \frac{b \pm \sqrt{\Delta}}{2a} = \pm \frac{1}{\sqrt{-x}}$$

의 해를 구하면

$$y = \pm 2\sqrt{-x}$$

이다. 여기서

$$\xi = y + 2\sqrt{-x}, \quad \eta = y - 2\sqrt{-x} \tag{3.30}$$

로 치환하자. 그러면

$$\xi_x = -\frac{1}{\sqrt{-x}}, \quad \xi_y = 1, \quad \xi_{xx} = -\frac{1}{2(\sqrt{-x})^3}, \quad \xi_{xy} = 0, \quad \xi_{yy} = 0$$

이고

$$\eta_x = \frac{1}{\sqrt{-x}}, \quad \eta_y = 1, \quad \eta_{xx} = \frac{1}{2(\sqrt{-x}})^3, \quad \eta_{xy} = 0, \quad \eta_{yy} = 0$$

이다. 그리고

$$\begin{aligned}
u_{xx} &= u_{\xi\xi}\xi_x^2 + 2u_{\xi\eta}\xi_x\eta_x + u_{\eta\eta}\eta_x^2 + u_\xi\xi_{xx} + u_\eta\eta_{xx} \\
&= -\tfrac{1}{x}u_{\xi\xi} + \tfrac{2}{x}u_{\xi\eta} - \tfrac{1}{x}u_{\eta\eta} + \tfrac{1}{2(\sqrt{-x})^3}(u_\eta - u_\xi), \\
u_{xy} &= u_{\xi\xi}\xi_x\xi_y + u_{\xi\eta}(\xi_x\eta_y + \xi_y\eta_x) + u_{\eta\eta}\eta_x\eta_y + u_\xi\xi_{xy} + u_\eta\eta_{xy} \\
&= \tfrac{1}{\sqrt{-x}}(u_{\eta\eta} - u_{\xi\xi}), \\
u_{yy} &= u_{\xi\xi}\xi_y^2 + 2u_{\xi\eta}\xi_y\eta_y + u_{\eta\eta}\eta_y^2 + u_\xi\xi_{yy} + u_\eta\eta_{yy} \\
&= u_{\xi\xi} + 2u_{\xi\eta} + u_{\eta\eta}
\end{aligned}$$

이다. 그러므로 주어진 식 (3.28)은

$$4u_{\xi\eta} + \frac{1}{2\sqrt{-x}}(u_\xi - u_\eta) = x^2$$

으로 변환되며, 변수변환 (3.30)에 의해서

$$\sqrt{-x} = \frac{1}{4}(\xi - \eta)$$

이므로, 결과적으로 변환되는 표준형은

$$u_{\xi\eta} = \frac{1}{4}\left(\frac{\xi-\eta}{4}\right)^4 - \frac{1}{2(\xi-\eta)}(u_\xi - u_\eta) \tag{3.31}$$

이다.

(2) 식 (3.28)이 포물선형이 되는 영역은

$$D_2 = \{(x,y) \in \mathbb{R}^2 \mid x = 0\}$$

이고, 이 영역에서 식 (3.28)은

$$u_{yy} = 0$$

으로서 그 자체가 표준형이다.

(3) 식 (3.28)이 타원형이 되는 영역은

$$D_3 = \{(x,y) \in \mathbb{R}^2 \mid x > 0\}$$

이고, 이 영역에서 변수변환

$$\begin{cases} \xi &= y - \int \frac{b}{2a}dx = y, \\ \eta &= \int \frac{\sqrt{-\Delta}}{2a}dx = \int \frac{1}{\sqrt{x}}dx = 2\sqrt{x} \end{cases} \tag{3.32}$$

을 시행하자. 그러면

$$\xi_x = 0, \quad \xi_y = 1, \quad \xi_{xx} = \xi_{xy} = \xi_{yy} = 0$$

이고

$$\eta_x = \frac{1}{\sqrt{x}}, \quad \eta_y = 0, \quad \eta_{xx} = -\frac{1}{2(\sqrt{x})^3}, \quad \eta_{xy}\eta_{yy} = 0$$

이다. 그러므로

$$u_{xx} = \frac{1}{x}u_{\eta\eta} - \frac{1}{2(\sqrt{x})^3}u_\eta, \quad u_{yy} = u_{\xi\xi}$$

이고, 주어진 식 (3.28)은

$$u_{\eta\eta} + u_{\xi\xi} = x^2 + \frac{1}{2\sqrt{x}}u_\eta = \frac{1}{\eta}u_\eta + \left(\frac{\eta}{2}\right)^4$$

으로 변환된다. ■

3.2 반선형 방정식

다음 2변수 2계 반선형(semilinear) PDE에 대한 코쉬-문제를 보도록 하자.

$$\begin{cases} a(x,y)u_{xx} + b(x,y)u_{xy} + c(x,y)u_{yy} &= d, & (x,y) \in \Omega; \\ u(x,y) &= g(x,y), & (x,y) \in \Gamma; \\ u_x(x,y) &= h_1(x,y), & (x,y) \in \Gamma; \\ u_y(x,y) &= g(x,y), & (x,y) \in \Gamma. \end{cases} \tag{3.33}$$

위 식에서 $d = d(x, y, u, u_x, u_y)$는 비선형인 함수일 수 있고 Γ는 $\Omega(\subset \mathbb{R}^2)$에 속하는 매끄러운[1] 곡선이다. 그리고 a, b, c 중에서 적어도 하나는 0이 아닌 함수라야 한다. 이제 Γ를 $\gamma(r) = (\gamma_1(r), \gamma_2(r))$인 함수 $\gamma : I \to \mathbb{R}^2$에 의해서 정의되는 매개변수식으로 표현하자. 즉

$$\Gamma = \{\gamma(r) = (\gamma_1(r), \gamma_2(r)) \,|\, r \in I \subset \mathbb{R}\}$$

이라 하자. 그러면 다음과 같은 병행조건(compatibility condition)을 갖는다.

$$g'(r) = h_1\gamma_1'(r) + h_2\gamma_2'(r). \tag{3.34}$$

여기서 Γ에서 $u(x,y)$에 대한 2계 편도함수들을 계산하고 u_{xx}, u_{yy}, u_{xy}를 미지의 함수로 간주하면, 곡면 Γ에서 3개의 함수들과 3개의 방정식으로 이루어진 다음 선형 연립방정식을 얻는다.

$$\begin{array}{rcrcrcl} au_{xx} &+& bu_{xy} &+& cu_{yy} &=& d, \\ \gamma_1'(r)u_{xx} &+& \gamma_2'(r)u_{xy} & & &=& h'(r), \\ & & \gamma_1'(r)u_{xy} &+& \gamma_2'(r)u_{yy} &=& h_2'(r). \end{array} \tag{3.35}$$

식 (3.35)가 유일한 해를 갖기 위한 필요조건은 계수행렬의 행렬식이 0이

---
[1] 2회이상 미분가능한

되지 않는 것, 즉 다음 관계를 만족하는 것이다.

$$\begin{vmatrix} a & b & c \\ \gamma_1' & \gamma_2' & 0 \\ 0 & \gamma_1' & \gamma_2' \end{vmatrix} \neq 0. \tag{3.36}$$

[정의 3.3] 곡선 $\Gamma \subset \Omega \subset \mathbb{R}^2$의 매개변수 표현식

$$\Gamma = \{(\gamma_1(r), \gamma_2(r)) \ : \ r \in I(\subset \mathbb{R})\} \tag{3.37}$$

이 관계식

$$a(\gamma_2')^2 - b\gamma_1'\gamma_2' + c(\gamma_1')^2 = 0 \tag{3.38}$$

을 충족하면, Γ를 가리켜서 (3.33)의 **특성선**(characteristic curve)이라 한다.

위의 정의에 숨겨진 기하학적인 의미는 1계 PDE에서 우리가 다루었던 내용과 매우 유사하다. 벡터 $\nu = (-\gamma_2', \gamma_1')$가 각 점에서 곡선 Γ의 법선벡터이므로, 정의 3.1에 의해서

$$a(\gamma_2')^2 - b\gamma_1'\gamma_2' + c(\gamma_1')^2 = 0 \tag{3.39}$$

일 때 Γ가 특성선이 된다.

만약 곡선 Γ을 (필요한 경우에, 국소적으로) $y = y(x)$ 형식으로 표현하면

$$\gamma_1(r) = r = x(r), \quad \gamma_2 = y(r) = y(x) \tag{3.40}$$

이다. 그러면 다음과 같은 **특성방정식**(characteristic equation)을 얻게 된다.

$$a\left(\frac{dy}{dx}\right)^2 - b\frac{dy}{dx} + c = 0. \tag{3.41}$$

그러므로 식 (3.33)의 특성선들은 방정식

$$\frac{dy}{dx} = \frac{b \pm \sqrt{b^2 - 4ac}}{2a} \tag{3.42}$$

의 그래프(해곡선)들로 표현할 수 있다. 따라서 판별식

$$\Delta = b^2 - 4ac \tag{3.43}$$

의 부호에 따라서 3가지 상황들이 발생한다. 여기서 판별식 $\Delta = b^2 - 4ac$의 부호에 따라 주어진 2계 PDE (3.33)을 다음과 같이 세 가지로 분류한다.

[정의 3.4] 2계 PDE (3.33)을 다음과 같은 유형으로 분류한다.

(a) $\Delta > 0$이면 **쌍곡선형**(hyperbolic type)이다.

(b) $\Delta = 0$이면 **포물선형**(parabolic type)이다.

(c) $\Delta < 0$이면 **타원형**(elliptic type)이다.

위 정의에 따르면, 식 (3.42)로부터, 쌍곡선형 PDE는 두 개의 특성선을 얻고 포물선형은 오직 한 개의 특성선을 얻으며 타원형의 특성선은 하나도 얻을 수 없게 된다. 여기서 우리가 유의해야 할 점은 이러한 부류들에 대한 명칭이 주어진 PDE의 그래프 형태를 암시하는 것이 아니라는 것이다.

[예제 3.5](파동방정식, Wave equation) 임의의 상수 $c \neq 0$에 대해서 식

$$u_{yy} - c^2 u_{xx} = 0 \tag{3.44}$$

은 쌍곡선형이다. 왜냐하면 $a = -c^2$, $b = 0$, $c = 1$이고 $\Delta = 4c^2 > 0$이기 때문이다.

[예제 3.6](열방정식, Heat equation) 임의로 주어진 실수 $c \neq 0$에 대해서 식

$$u_y - cu_{xx} = 0 \tag{3.45}$$

은 포물선형이다. 그 이유는 $a = -c$, $b = c = 0$이고 $\Delta = 0$이기 때문이다.

[예제 3.7](라플라스 방정식, Laplace equation) 방정식

$$u_{xx} + u_{yy} = 0 \tag{3.46}$$

은 타원형이다. 그 이유는 $a = c = 1$, $b = 0$이고 $\Delta = -4 < 0$이기 때문이다.

[예제 3.8](속도 퍼텐셜 방정식, Velocity-potential equation) 방정식

$$(1-M^2)u_{xx}+u_{yy}=0 \tag{3.47}$$

에서 $a=1-M^2$, $b=0$, $c=1$이고 $\Delta=4(M^2-1)$이다. 따라서 주어진 식 (3.47)은 M의 값에 따라서 다음과 같은 유형이 된다.

(1) $M>1$이면, 쌍곡선형이며 **초음속**(supersonic) 방정식이라 한다.

(2) $M=1$이면, 포물선형이며 **음속**(sonic) 방정식이라 부른다.

(3) $M<1$이면, 타원형이며 **저음속**(subsonic) 방정식이라 부른다.

참고 주어진 PDE의 유형은 그 식에 나타난 계수들에 의해서 결정된다. 따라서 주어진 PDE의 계수들이 모두 상수인 경우는 PDE의 형식이 영역 Ω 전체에서 변함없이 그대로 유지된다. 그러나 주어진 PDE가 변수형 계수를 갖는 경우에는 그 방정식의 유형이 영역에 따라서 변할 수 있다.

[예제 3.9](오일러-트리코미 방정식, Euler-Tricomi equation) 방정식

$$u_{xx}+xu_{yy}=0 \tag{3.48}$$

을 **오일러-트리고미 방정식**이라 한다. 이 식에 대한 계수행렬의 행렬식은 $\Delta=-4x$이고, 고유값은 1과 x이다.

따라서 이 방정식은 $x<0$일 때는 쌍곡선형이고, $x>0$일 때는 타원형이며, $x=0$인 경우에는 퇴화성 포물형(degenerately parabolic)이다. 그러므로 이러한 PDE를 가리켜서 **혼합형**(mixed type)이라 한다. □

여기서 우리는 주어진 2계 편미분방정식에 대해서, 특성선들이 존재할 때에 한해서, 그 특성선들을 계산하도록 하겠다. 예를 들어 2계 선형 타원형 PDE는 실 특성선을 갖지 않는다는 점을 알아야 한다.

(1) 주어진 실수 $c\neq 0$에 대해서 다음 파동방정식을 보자.

$$u_{yy}-c^2u_{xx}=0. \tag{3.49}$$

이 식은 쌍곡선형으로서 다음 ODE들로 정의되는 두 개의 특성선을 갖는다.

$$\frac{dy}{dx}=\frac{B\pm\sqrt{B^2-AC}}{A}=\frac{\pm\sqrt{c^2}}{-c^2}=\mp\frac{1}{c}. \tag{3.50}$$

따라서 $cy \pm x = a$(상수)가 두 특성선들에 대한 식이다. 여기서 보면 특성선

$$y \pm \frac{1}{c}x = y_0 \text{ (상수)} \tag{3.51}$$

은 $\mathbb{R}^2$상에서 점 $(0, y_0)$에서 두 원뿔(cones)의 경계선들이다.

(2) 주어진 수 $c \in \mathbb{R}$에 대해서 다음 식을 보자.

$$u_y - cu_{xx} = 0. \tag{3.52}$$

이 식은 포물선형으로 다음 ODE로 정의되는 한 개의 특성방정식만 갖는다.

$$\frac{dy}{dx} = \frac{B \pm \sqrt{B^2 - AC}}{A} = 0. \tag{3.53}$$

따라서 $\mathbb{R}^2$에서 직선 $y = a$(상수)가 주어진 식 (3.49)의 특성선이다.

(3) 방정식 $u_{xx} + u_{yy} = 0$은 타원형으로서 실 특성선을 갖지 않는다.

(4) 식 $u_{xx} + xu_{yy} = 0$은 혼합형으로서 $x > 0$인 영역에서

$$y = \pm 2x^{3/2} + y_0, \quad (y_0 : \text{ 상수})$$

로 표현되는 두 개의 특성선을 갖는다. □

3.3 준선형 방정식

반선형(sem-ilear) PDE의 개념은 준선형(quasi-linear), 비선형(non-linear) 그리고 연립 ODE 시스템으로 일반화 될 수 있다. 그러나 이러한 구분은 주어진 방정식의 해 u에 의해서 정해질 수도 있다. 준선형 방정식에 대한 특성방정식의 해들은 해 u와 밀접한 관계가 있다.

[예제 3.10] 준선형 방정식

$$u_{xx} - uu_{yy} = 0 \tag{3.54}$$

에 대해 생각하자. 이 식에 대한 야코비 행렬식은 $\Delta = 4u$이고 야코비-행렬의 고유값은1, $-u(x)$이다. 따라서 이 식은 $u > 0$인 영역에서 쌍곡선형이고 $u < 0$인 영역에서 타원형이며 $u = 0$인 점에서는 포물선형이다. □

[예제 3.11] 다음 준섬형 PDE를 보자.

$$(c^2 - u_x^2)u_{xx} - 2u_xu_yu_{xy} + (c^2 - u_y^2)u_{yy} = 0, \quad (c > 0). \tag{3.55}$$

그러면

$$\Delta = B^2 - 4AC = 4c^2(u_x^2 + u_y^2 - c^2) = 4c^2((|\nabla u|^2 - c^2) \tag{3.56}$$

이므로, 식 (3.55)은 $|\nabla u| > c$일 때 쌍곡선형이고 $|\nabla u| < c$일 때 타원형이며 $|\nabla u| = c$일 때는 포물선형이다. □

3.4 특성선의 갯수와 경계조건

구간 $I = [a, b]$에서 정의된 2계 상미분방정식

$$y''(x) + P(x)y'(x) + Q(x)y(x) = 0, \quad (x \in I) \tag{3.57}$$

가 주어진 초기조건

$$y(x_0) = y_0, \quad y'(x_0) = y_1 \tag{3.58}$$

외에도 다음과 같은 4가지 형태의 경계조건들을 가질 수 있다.

(1) 디리클레(Dirichlet) 경계조건: $y(a) = y_0, \quad y(b) = y_1.$

(2) 뉴우먼(Neumann) 경계조건: $y'(a) = y_0, \quad y'(b) = y_1.$

(3) 주기적인 경계조건: $y(a) = y(b), \quad y'(a) = y'(b).$

(4) 로빈(Robin)의 경계조건: $\alpha y(a) + \beta y'(a) = y_0, \quad \gamma y(b) + \delta y'(b) = y_1.$

초기조건이 주어진 코쉬-문제와는 다르게 경계값 문제는 실제로 부적합 문제일 수도 있다. 그러한 경계조건들은 2계 편미분방정식까지 일반화시켜 적용시킬 수 있다. 앞에서 설명한 편미분방정식에 대한 유형구분이 2계 PDE가 타당한 문제가 되도록 주어져야 할 초기조건이나 경계조건들의 적정 수를 말해주고 있다.

두 개의 특성선을 갖는 쌍곡선형은 특성선들의 갯수 만큼의 초기시간에서 시작되는 초기조건들이 필요하고 특수한 경계를 지나는 특성선의 갯수 만큼의 경계조건들을 필요로 한다. 따라서 쌍곡선형 PDE는 하나의 열린 곡면에서 코쉬-경계조건들을 취하게 된다.

포물선형 PDE의 경우에는 오직 하나의 특성선을 가지므로 초기시간에서는 오직 하나의 초기조건과 특수한 경계에 속한 점에서 하나의 경계조건을 필요로 한다. 따라서 포물선형 PDE는 오직 하나의 특성선만을 가지므로 어떤 열린 곡면에서 디리클레 조건이나 뉴먼(Newman) 조건을 갖게 된다.

타원형 PDE는 실 특성선을 갖지 않기 때문에 특수한 경계의 각 점에서 오직 하나의 경계조건만을 필요로 하게 된다. 그렇기 때문에 타원형 PDE는 관심 영역을 둘러싼 폐곡면 안에서 디리클레 조건이나 뉴먼 조건을 취하게 된다.

3.5 코쉬의 경계조건

2계 코쉬 문제에서는 영역 Ω에 포함된 데이터 곡선 Γ상에서 미지의 함수 u와 u의 법선 도함수(normal derivative)에 대한 정보가 있어야 한다. 그러나 (타원형과 같은 보다 일반적인 경우와 같은) 라플라스 방정식에 대한 코쉬 문제는 사실 적합한 문제는 아니다. 실제로 유계한 영역 Ω상에서 라플라스 방정식에 대한 코쉬-문제는 과잉-조건문제다.

[예제 3.12] 다음의 라플라스 방정식에 대한 코쉬-문제를 보자.

$$\begin{cases} u_{xx} + u_{yy} &= 0 \\ u(0,y) &= \frac{\cos ky}{k^2}, \quad (k \in \mathbb{N}) \\ u_x(0,y) &= 0. \end{cases} \tag{3.59}$$

이 문제는

$$u(x,y) = \frac{\cosh(kx)\cos(ky)}{k^2} \tag{3.60}$$

를 유일한 해를 갖는다. 따라서 임의의 $x_0 > 0$에 대해서

$$\left| u\left(x_0, \frac{n\pi}{k}\right) \right| = \frac{\cosh(kx_0)}{k^2} \tag{3.61}$$

이고

$$\lim_{k\to\infty} \left| u\left(x_0, \frac{n\pi}{k}\right) \right| = \lim_{k\to\infty} \frac{\cosh(kx_0)}{k^2} = +\infty$$

이므로, 이 문제는 불안정하기 때문에 적합하지 않은 문제라 할 수 있다.

2계 타원형 PDE에서 위에서 언급한 코쉬-문제의 부적합성에 관한 문제가 아주 특수하게 나타난다. 일반적으로 모든 쌍곡선형 PDE에 대한 코쉬-문제는 주어진 데이터 곡선의 근방안에서 쌍곡선성이 보장되는 한 아무런 문제없이 잘 갖추어진 문제라 할 수 있다.

[예제 3.13] 다음 2계 쌍곡선형 PDE에 대한 코쉬-문제를 보자.

$$\begin{cases} y^2 u_{xx} - y u_{yy} + \frac{1}{2} u_y &= 0, \quad (y > 0), \\ u(x,0) &= f(x), \\ u_y(x,0) &= g(x). \end{cases} \tag{3.62}$$

이 문제의 일반해는

$$u(x,y) = F\left(x + \frac{2}{3} y^{3/2}\right) + G\left(x - \frac{2}{3} y^{3/2}\right) \tag{3.63}$$

이고, $y = 0$에서

$$u(x,0) = F(x) + G(x) = f(x) \tag{3.64}$$

이다. 또한

$$u_y(x,y) = y^{1/2} F'\left(x + \frac{2}{3} y^{3/2}\right) - y^{1/2} G'\left(x - \frac{2}{3} y^{3/2}\right) \tag{3.65}$$

이고 $u_y(x,0) = 0$이다. 따라서 이 문제는 $g(x) = 0$일 때만 해를 갖게 된다. 만약 $g(x) \equiv 0$이면, 해는 임의의 $F \in C^2$에 대해서

$$u_y(x,y) = F\left(x + \frac{2}{3} y^{3/2}\right) - F\left(x - \frac{2}{3} y^{3/2}\right) + f\left(x - \frac{2}{3} y^{3/2}\right) \tag{3.66}$$

로 표현된다. 그렇기 때문에 $g(x) \equiv 0$인 경우에는 해가 유일하지 않고 무수히 많다. 실제로 이 문제는, $\Delta = B^2 - 4AC = 4y^3$이므로, 데이터-곡선 $y = 0$의 근방안에서 완벽한 쌍곡선형이 되지 못하기 때문에 부적합한 문제라 할 수 있다. □

[예제 3.14] 라플라스 방정식에 대한 코쉬-문제가 부적합 문제임을 밝혀라.

$$\begin{cases} u_{xx} + u_{yy} &= 0, \\ u(x,0) &= 0, \\ u_y(x,0) &= k^{-1} \sin kx, \quad (k \in \mathbb{N}). \end{cases} \tag{3.67}$$

풀이 연습문제로 남겨둔다. □

3.6 연습문제

1. 다음 방정식에 대해서 그 유형을 밝히고 적절한 치환을 통해서 표준형으로 변환시킨 후 해를 구하라.

   (a) $4u_{xx} + 12u_{xy} + 9u_{yy} - 9u = 10.$

   (b) $u_{xx} + u_{xy} - 2u_{yy} - 3u_x - 6u_y = 6(2x - y).$

   (c) $x^2u_{xx} + 2xyu_{xy} + y^2u_{yy} + xyu_{+}y^2u_y = 0.$

   (d) $yu_{xx} - c^2yu_{yy} - 2c^2u_y = 0.$

2. 다음 방정식에 대해서 그 유형을 밝히고 적절한 치환을 통해서 표준형으로 변환하라.

$$x^2u_{xx} - 2xyu_{xy} + y^2u_{yy} - 9u = e^x.$$

3. 다음 방정식의 유형을 판별한 다음 일반해를 구하라.

   (a) $u_{xx} + x^2\,u_{xy} - y\,u_x = 0.$

   (b) $x^2\,u_{xx} + 2xy\,u_{xy} + y^2\,u_{yy} = 4x^2.$

4. 다음 문제의 해를 구하라.

$$\begin{cases} u_{tt} - 4u_{xx} = 0, & (-\infty < x < \infty, \quad 0 < t < 2\pi); \\ u(x,0) = 0, & u_t(x,0) = \sin x. \end{cases}$$

5. $\mathbb{R}^2$에서 트리코미(Tricomi) 방정식

$$yu_{xx} + u_{yy} = 0$$

   의 형식을 영역에 따라서 판별하라.

6. 다음 2계 PDE의 해를 구하라.

$$u_{xx} - u_{yy} = 0.$$

7. 점 $(x, y) = (1, 1/2)$에서 다음 방정식의 유형을 판별하라.

$$xu_{xx} + 2yu_{xy} + 2xyu_{yy} = 0$$

8. 다음 방정식의 해를 구하라.

$$u_{xx} - 4u_{xy} + u_{yy} = 0.$$

[힌트: 적절한 변환을 이용해 주어진 식을 파동방정식으로 전환하여 풀어라.]

9. 임의로 주어진 함수 f에 대해서, 다음 방정식의 특성방정식에 대한 비자명 해를 구하라.

$$x^2 u_{xx} - u_{yy} = f(x, y, u, \nabla u)$$

10. 방정식

$$u_{xx} - xu_{xy} + u_{yy} + 3u_x = 2x$$

의 유형을 정하라.

11. 방정식

$$x^2 u_{xx} - y^2 u_{yy} = 0$$

을 표준형으로 변환시켜라.

12. 영역 $\Omega = \{(x, y) \in \mathbb{R}^2 \ : \ y < 0\}$에서 트리코미(Tricomi) 방정식

$$yu_{xx} + u_{yy} = 0$$

을 표준형으로 변환시켜라.

13. 다음 방정식의 유형을 정하라. (ρ는 밀도이며 $a = \sqrt{p'(\rho)}$는 음향속도다.)

(a) $\rho u u_x + \rho v u_y + a^2 \rho_x = 0.$

(b) $\rho u v_x + \rho v v_y + a^2 \rho_y = 0.$

(c) $\rho u(u_x + u_y) + u\rho_x + v\rho_y\rho_x = 0.$

14. 다음 코쉬-문제의 해를 구하라.

$$\begin{cases} V_t = \frac{Mr}{1-s-NV}(1+N(n-1)V_s), \\ V(s,0) = 0. \end{cases}$$

[힌트: 주어진 식의 양변에 $(r-s-NV)$를 곱한 다음 해를 구하라.]

15. 방정식 $\Delta^2 u(x,y) = -u(x,y)$를 1계 PDE로 변환시켜라.

[힌트: $\Delta^2 u = \Delta(\Delta u)$임에 유의하라.]

16. 2계 PDE

$$\frac{\partial}{\partial x}\left(\frac{u_x}{\sqrt{1+u_x^2+u_y^2}}\right) + \frac{\partial}{\partial y}\left(\frac{u_y}{\sqrt{1+u_x^2+u_y^2}}\right) = 0$$

을 1계 PDE로 변환시켜라.

[힌트: $v_1 = u_x/\sqrt{1+u_x^2+u_y^2}$, $v_2 = u_y/\sqrt{1+u_x^2+u_y^2}$로 치환하라.]

17. 다음 라플라스 방정식에 대한 코쉬-문제가 부적합 문제임을 밝혀라.

$$\begin{cases} u_{xx}+u_{yy} &= 0, \\ u(x,0) &= 0, \\ u_y(x,0) &= k^{-1}\sin kx, \quad (k \in \mathbb{N}). \end{cases}$$

제 4 장

푸리에 급수

푸리에[1] 급수(Fourier series)는 주기함수를 삼각함수들로 전개한 급수이다. 대부분의 경우 급수의 계수는 주어진 함수와 일대일로 대응하며, 주어진 함수의 푸리에 계수는 본래의 함수보다 다루기 쉽기 때문에 유용하게 쓰인다.

푸리에 급수는 전자 공학, 진동 해석, 음향학, 광학, 신호처리와 화상처리, 데이터 압축 등에 쓰인다. 천문학에서는 분광기를 통해서 별빛의 주파수를 분해하여 별을 이루는 화학 물질을 알아내는 데 쓰이고, 통신 공학에서는 전송해야 하는 데이터 신호의 스펙트럼을 이용하여 통신 시스템 설계를 최적화하는 데에 쓰인다.

4.1 푸리에 급수의 정의

푸리에 급수는 주기함수를 기본적인 조화함수인 삼각함수 또는 복소 지수함수의 급수로 나타낸 것이다.

[예제 4.1] $f(x) = \sin x$는, 모든 x에 대해서

$$\sin(x + 2\pi) = \sin(x + 4\pi) = \sin(x + 6\pi) = \cdots = \sin x$$

[1] 장바티스트 조제프 푸리에(Jean-Baptiste Joseph Fourier, 1768년 3월 21일 - 1830년 5월 16일)는 프랑스의 수학자이자 물리학자이다. 그는 고체 내에서의 열전도에 관한 연구로 열전도 방정식(푸리에 방정식)을 유도하였으며, 이 방정식을 풀기 위해서 푸리에 해석으로 불리는 이론을 전개했다.

이므로, 2π, 4π, $6\pi, \ldots$등을 주기로 하는 함수이고 $\sin x$의 주기는 2π이다.

[예제 4.2] k가 양의 정수일 때, 삼각함수 $\sin kx$와 $\cos kx$의 주기는 $2\pi/k$이다.

[예제 4.3] $\tan x$와 $\cot x$의 주기는 π이다.

[예제 4.4] 상수함수는 모든 양의 실수를 주기로 하는 주기함수다.

주기함수에 대한 다른 예들은 그림 4.1 (a), (b), (c)에 나타나 있다.

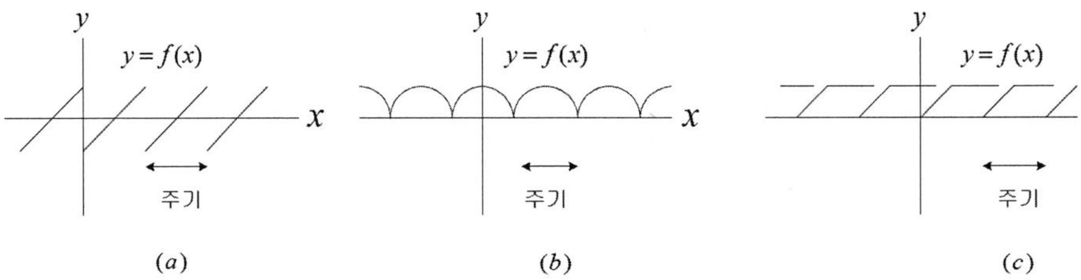

그림 4.1: 주기함수

[정의 4.1](푸리에 급수) 함수 $f : \mathbb{R} \to \mathbb{R}$가 $2L > 0$을 주기로 하는 함수, 즉 $f(x + 2L) = f(x)$인 함수라 하자. 이때, $f(x)$의 푸리에 급수(Fourier series) 또는 푸리에 전개(Fourier expansion)는

$$f(x) = a_0 + \sum_{n=1}^{\infty} \left(a_n \cos \frac{n\pi}{L} x + b_n \sin \frac{n\pi}{L} x \right) \tag{4.1}$$

이고 $f(x)$의 푸리에 계수(Fourier coefficient)는

$$\begin{cases} a_0 = \frac{1}{2L} \int_{-L}^{L} f(x)\, dx, \\ a_n = \frac{1}{L} \int_{-L}^{L} f(x) \cos \frac{n\pi}{L} x\, dx, & (n = 1, 2, 3 \ldots) \\ b_n = \frac{1}{L} \int_{-L}^{L} f(x) \sin \frac{n\pi}{L} x\, dx \end{cases} \tag{4.2}$$

이다. □

위 정의에서 전개식 (4.1)에 나타나는 계수들이 (4.2)로 표현되는 이유의 상당한 부분은 예제 4.5와 예제 4.6 및 식 (4.3)을 통해서 알 수 있다.

4.2 우함수와 기함수에 대한 푸리에 급수전개

푸리에 성분들은 모두 정적분으로 표현되어 있다. 이 성분들은 급수 (4.1)로부터 시작해서 직교조건(orthogonality conditions)이라 불리는 다음 성질들을 이용함으로써 얻어질 수 있다.

$$\begin{aligned}
&(a) \quad \int_{-L}^{L} \cos\tfrac{m\pi}{L}x \cos\tfrac{n\pi}{L}x\,dx = \begin{cases} 0 & \text{if} \quad m \neq n, \\ L & \text{if} \quad m = n. \end{cases} \\
&(b) \quad \int_{-L}^{L} \sin\tfrac{m\pi}{L}x \sin\tfrac{n\pi}{L}x\,dx = \begin{cases} 0 & \text{if} \quad m \neq n, \\ L & \text{if} \quad m = n. \end{cases} \qquad (4.3) \\
&(c) \quad \int_{-L}^{L} \sin\tfrac{m\pi}{L}x \cos\tfrac{n\pi}{L}x\,dx = 0 \quad \text{if} \quad m\text{과 } n\text{이 모두 정수}
\end{aligned}$$

[예제 4.5] 전개식 (4.1)에서 푸리에 성분 a_0을 구하기 위해서 (4.1)의 양변을 적분하고 조건 (4.2)를 적용시키자. 그러면

$$\int_{-L}^{L} f(x)\,dx = \int_{-L}^{L} a_0\,dx + \int_{-L}^{L} \sum_{n=1}^{\infty} \left\{ a_n \cos\frac{n\pi}{L}x + b_n \sin\frac{n\pi}{L}x \right\} dx$$

이고

$$\int_{-L}^{L} a_0\,dx = 2a_0L, \quad \int_{-L}^{L} \sin\frac{n\pi}{L}x\,dx = \int_{-L}^{L} \cos\frac{n\pi}{L}x\,dx = 0$$

이다. 따라서

$$a_0 = \frac{1}{2L}\int_{-L}^{L} f(x)\,dx$$

이다. □

[예제 4.6] 식 (4.1)에서 푸리에 성분 a_1을 구하기 위해서는 (4.1)의 양변에 $\cos\frac{\pi}{L}x$을 곱한 다음 양변을 적분한다. 여기에 조건 (4.3)을 적용시키면

$$a_1 = \frac{1}{L}\int_{-L}^{L} f(x)\cos\frac{\pi}{L}x\,dx$$

를 얻는다. □

※ $L = \pi$인 경우의 푸리에 전개식 (4.1)은 아주 간단하다. 이러한 경우에 함수 $f(x)$의 주기는 2π이다.

[정리 4.1] 디리클레 정리, Dirichlet Theorem) 함수 $f(x)$가 다음 3 가지 조건들을 모두 만족한다고 하자.

(a) $f(x)$ 가 구간 $(-L,\, L)$에서 많아야 유한개의 점들을 제외한 나머지 점들에서 모두 정의되어 있다.

(b) $f(x)$가 $(-L,\, L)$밖에서 $2L$을 주기로 정의되어 있다.

(c) $f(x)$와 $f'(x)$가 모두 $(L,\, -L)$에서 부분구간별로 연속이다.

그러면 계수 (4.2)를 갖는 푸리에 급수 (4.1)은

1. x가 $f(x)$의 연속점이면, $f(x)$로 수렴한다.
2. x가 $f(x)$의 불연속점이면, $\frac{1}{2}[f(x+) + f(x-)]$로 수렴한다. □

위에서 $f(x+)$와 $f(x-)$는 각각 x에서 $f(x)$의 우극한과 좌극한을 나타낸다.

$$f(x+) = \lim_{\epsilon \to 0+} f(x+\epsilon), \quad f(x-) = \lim_{\epsilon \to 0+} f(x-\epsilon).$$

그리고 정리 4.1에서 함수 $f(x)$에 대한 조건 (a), (b), (c)는 충분조건이고 필요조건은 아니며, 대부분 우리가 이용하는 기본적인 함수들은 이러한 조건들을 만족한다. 그러나 아쉽게도 푸리에 급수가 수렴하기 위한 필요충분조건은 아직까지 밝혀져 있지 않고 있다. 다른 한편으로, 함수 $f(x)$의 연속성만으로는 $f(x)$에 대한 푸리에 급수가 수렴한다는 것을 보장하지는 못한다는 것이 흥미롭다.

우함수와 기함수의 푸리에 급수

함수 $f(x)$가 $f(-x) = f(x)$인 조건을 만족하면, $f(x)$를 **우함수**(even function)라 한다. 따라서 x^2, $2x^6 - 3x^4 + 5$, $\cos x$, $e^x + e^{-x}$ 등은 모두 우함수다.

반면에 $f(-x) = -f(x)$인 조건을 만족하면, $f(x)$를 **기함수**(odd function)라 한다. 따라서 x^3, $x^7 - 2x^3 + 5x$, $\sin 2x$, $\tan 3x$ 등은 모두 기함수다.

그림 4.1에서 그래프로 표현된 (a)는 기함수이고 (b)는 우함수이며 (c)는 기함수나 우함수 어느 쪽에도 해당되지 않는다.

기함수의 푸리에 급수는 오직 사인(sin) 함수들만 나타나고, 우함수에 대한 푸리에 급수는 오직 상수항을 포함한 코사인(cos) 함수들만 나타난다.

사인함수들만 나타나는 푸리에 급수나 또는 코사인 함수들만 나타나는 푸리에 급수를 가리켜서 **반쪽 푸리에 급수(Half-range Fourier series)**라 한다.

주어진 함수 $f(x)$에 대한 반쪽 푸리에 급수가 필요한 경우에, 일반적으로 그 함수는 구간 $(0,\ L)$에서 정의되어 있고 주기가 L이며 우함수이거나 아니면 기함수다. 따라서 $f(x)$는 구간 $(-L,\ 0)$에서도 정의되며, 이러한 경우에 푸리에 계수는

$$\begin{cases} a_n = 0, \qquad b_n = \frac{2}{L}\int_{-L}^{L} f(x)\sin\frac{n\pi}{L}x\,dx \qquad (f(x) : \text{기함수}), \\ \\ b_n = 0, \qquad a_n = \frac{2}{L}\int_{-L}^{L} f(x)\cos\frac{n\pi}{L}x\,dx \qquad (f(x) : \text{우함수}) \end{cases} \tag{4.4}$$

로 표현된다.

[정리 4.2](파스벌의 항등식, Parseval's identity)
함수 $f(x)$가 디리클레 정리 4.1의 세 조건 (a), (b), (c)를 모두 만족한다고 하고 a_n, b_n에 $f(x)$에 대한 푸리에 계수들이라 하자. 그러면 등식

$$\frac{1}{L}\int_{-L}^{L}[f(x)]^2dx = \frac{1}{2}a_0^2 + \sum_{n=1}^{\infty}(a_n^2 + b_n^2) \tag{4.5}$$

이 성립한다.

푸리에 급수의 미분과 적분

푸리에 급수의 미분과 적분은 일반적인 급수들에 대해서 성립하는 정리들에 의해서 확립될 수 있다. 그러나 그러한 정리들은 푸리에 급수의 미분가능성과 적분가능성에 대한 충분조건들이지 필요조건들은 아니다. 적분에 대한 다음 정리는 매우 유용하다.

[정리 4.3] 함수 $f(x)$에 대응하는 푸리에 급수 (4.1)은 항별로 적분가능하며, $f(x)$가 구간 $[-L, L]$에서 부분구간별로 연속이고 $a, x \in [-L, L]$이면, 푸리에 급수항들을 적분한 급수의 합은 $\int_a^x f(x)dx$로 수렴한다. 즉,

$$\lim_{N\to\infty}\sum_{n=1}^{N}\left(a_n\int_a^x \cos\frac{n\pi}{L}x\,dx + b_n\int_a^x \sin\frac{n\pi}{L}x\,dx\right) = \int_a^x f(x)\,dx$$

이다. □

4.3 복소수 푸리에 급수

주기가 $2L$인 함수 $f(x)$의 푸리에 급수가

$$f(x) = \sum_{n=1}^{\infty}\left(a_n\cos\frac{n\pi x}{L} + b_n\sin\frac{n\pi x}{L}\right) \tag{4.6}$$

이며

$$a_0 = \frac{1}{2L}\int_{-L}^{L} f(x)\,dx, \tag{4.7}$$

$$a_n = \frac{1}{L}\int_{-L}^{L} f(x)\cos\frac{n\pi x}{L}\,dx, \tag{4.8}$$

$$b_n = \frac{1}{L}\int_{-L}^{L} f(x)\sin\frac{n\pi x}{L}\,dx \tag{4.9}$$

임을 앞에서 배웠다. 이제 사인함수와 코사인함수들 대신에 복소 지수함수들을 도입하기 위해서 오일러(Euler)의 공식

$$e^{i\theta} = \cos\theta + i\sin\theta, \quad e^{-i\theta} = \cos\theta - i\sin\theta, \quad (i=\sqrt{-1}). \tag{4.10}$$

또는

$$\cos\theta = \frac{e^{i\theta}+e^{-i\theta}}{2}, \quad \sin\theta = \frac{e^{i\theta}-e^{-i\theta}}{2i} \tag{4.11}$$

을 활용하면, $f(x)$에 대한 푸리에 급수는

$$f(x) = \sum_{n=-\infty}^{\infty} c_n e^{n\pi i\,x/L} \tag{4.12}$$

이고, 계수는

$$c_n = \frac{1}{2L}\int_{-L}^{L} f(x)e^{-n\pi i x/L}dx \tag{4.13}$$

이다.

등식 (4.12)이 성립하기 위해서는 $f(x)$가 정리 4.1의 조건들을 모두 만족해야 하고 점 x에서 연속이 되어야 한다. 만약 $f(x)$가 점 x에서 불연속이면 식 (4.12)의 좌변은 $\frac{1}{2}[f(x+)+f(x-)]$로 대체되어야 한다.

4.4 연습문제

푸리에 급수에 관한 문제

1. 다음 각 함수에 대해서 그래프를 그리고 우함수와 기함수의 성질을 이용해서 푸리에 급수로 전개하라.

   (a) $f(x) = \begin{cases} 8, & 0 < x < 2, \\ -8 & 2 < x < 4 \end{cases}$ (주기: 4)

   (b) $f(x) = \begin{cases} -x, & -4 \le x \le 0, \\ x & 0 \le x \le 4 \end{cases}$ (주기: 8)

   (c) $f(x) = \begin{cases} 2x & 0 < x < 3, \\ 0 & -3 < x < 0 \end{cases}$ (주기: 6)

2. 주기가 8인 함수 $f(x) = \begin{cases} 2-x & \text{if} \quad 0 < x < 4, \\ x-6 & \text{if} \quad 4 < x < 8 \end{cases}$ 를 푸리에 급수로 전개하라.

3. 다음에 답하여라.

   (a) 함수 $f(x) = \cos x$, $(0 < x < \pi)$를 푸리에 급수로 전개하라.

   (b) $f(x)$의 푸리에 급수가 $f(x)$로 수렴하기 위해서는 점 $x = 0$과 $x = \pi$에서 $f(x)$가 어떻게 정의되어야 하는가?

4. 주기가 8인 함수 $f(x) = \begin{cases} x & \text{if} \quad 0 < x < 4, \\ 8-x & \text{if} \quad 4 < x < 8 \end{cases}$ 를 a) sin-함수들의 푸리에 급수로 전개하고, b) cos-함수들의 푸리에 급수로 전개하라.

5. 모든 $x \in [0, \pi]$에 대해서 다음이 성립함을 증명하라.

   (a) $x(\pi - x) = \frac{\pi^2}{6} - \left(\frac{\cos 2x}{1^2} + \frac{\cos 4x}{2^2} + \frac{\cos 6x}{3^2} + \cdots\right)$.

   (b) $x(\pi - x) = \frac{8}{\pi}\left(\frac{\sin x}{1^3} + \frac{\sin 3x}{3^3} + \frac{\sin 5x}{5^3} + \cdots\right)$.

6. 위 문제를 이용해서 다음을 증명하라.

   $(a)\quad \displaystyle\sum_{n=1}^{\infty} \frac{1}{n^2} = \frac{\pi^2}{6}.$ $\qquad (b)\quad \displaystyle\sum_{n=1}^{\infty} \frac{(-1)^{n+1}}{n^2} = \frac{\pi^2}{12}.$

   $(c)\quad \displaystyle\sum_{n=1}^{\infty} \frac{(-1)^{n+1}}{(2n-1)^3} = \frac{\pi^3}{32}.$

7. 등식 $\frac{1}{1^3} + \frac{1}{3^3} - \frac{1}{5^3} - \frac{1}{7^3} + \frac{1}{9^3} + \frac{1}{11^3} - \cdots = \frac{3\pi^2\sqrt{2}}{16}$이 성립함을 보여라.

8. 등식 $\sum\limits_{n=1}^{\infty} \frac{1}{n^2} = \frac{\pi^2}{6}$이 성립함을 보여라.

9. 다음을 증명하라.

   (a) $-\pi < x < \pi$에 대해서 $x = 2\left(\frac{\sin x}{1} - \frac{\sin 2x}{2} + \frac{\sin 3x}{3} - \cdots\right)$이다.

   (b) $-\pi \le x \le \pi$에 대해서 $x^2 = \frac{\pi^2}{3} - 4\left(\frac{\cos x}{1^2} - \frac{\cos 2x}{2^2} + \frac{\cos 3x}{3^2} - \cdots\right)$이다.

   (c) $-\pi \le x \le \pi$에 대해서 $x(\pi^2 - x^2) = 12\left(\frac{\sin x}{1^2} - \frac{\sin 2x}{2^2} + \frac{\sin 3x}{3^2} - \cdots\right)$이다.

10. 다음을 증명하라.

   (a) $-\pi < x < \pi$에 대해서, 다음 등식이 성립한다.

   $$x\cos x = -\frac{1}{2}\sin x + 2\left(\frac{2}{1\cdot 3}\sin 2x - \frac{3}{2\cdot 4}\sin 3x + \frac{4}{3\cdot 5}\sin 4x - \cdots\right).$$

   (b) $-\pi \le x \le \pi$에 대해서, 다음 등식이 성립한다.

   $$x\sin x = 1 - \frac{1}{2}\cos x - 2\left(\frac{\cos 2x}{1\cdot 3} - \frac{\cos 3x}{2\cdot 4} + \frac{\cos 4x}{3\cdot 5} - \cdots\right).$$

11. 5번 문제 (b)의 결과를 미분해서, $-\pi \le x \le \pi$에 대해서, 다음 등식이 성립함을 보여라.

   $$x = \frac{\pi}{2} - \frac{4}{\pi}\left(\frac{\cos x}{1^2} + \frac{\cos 3x}{3^2} + \frac{\cos 5x}{5^2} + \cdots\right).$$

12. 급수 $A + \sum\limits_{n=1}^{\infty} \left(a_n \cos \frac{n\pi}{L} x + b_n \sin \frac{n\pi}{L} x\right)$가 구간 $(-L,\ L)$에서 함수 $f(x)$로 균등하게 수렴할 때, 각 $n = 1, 2, 3 \ldots$에 대해서, 다음이 성립함을 보여라.

$$(a)\ a_n = \frac{1}{L}\int_{-L}^{L} f(x) \cos \frac{n\pi x}{L}\, dx. \quad (b)\ b_n = \frac{1}{L}\int_{-L}^{L} f(x) \sin \frac{n\pi x}{L}\, dx. \quad (c)\ A = \frac{a_0}{2}.$$

13. 주기가 2π인 함수 $f(x) = x^2$, $(0 < x < 2\pi)$의 푸리에 급수를 구하라.

14. 우함수에 대한 푸리에 급수에서는 사인(sin) 항이 나타나지 않음을 보여라.

Parseval의 등식에 관한 문제

15. 구간 $(-L,\ L)$에서 함수 $f(x)$에 대응하는 푸리에 급수

$$\frac{a_0}{2} + \sum_{n=1}^{\infty} \left(a_n \cos \frac{n\pi}{L} x + b_n \sin \frac{n\pi}{L} x\right)$$

가 $f(x)$로 균등하게 수렴한다고 가정했을 때, 다음의 Parseval 등식이 성립함을 증명하라.

$$\frac{1}{L}\int_{-L}^{L} [f(x)]^2 dx = \frac{a_0^1}{2} + \sum_{n=1}^{\infty} (a_n^2 + b_n^2).$$

16. 문제 5번과 Parseval등식을 이용해서, 다음을 증명하라.

$$(a) \quad \sum_{n=1}^{\infty} \frac{1}{n^4} = \frac{\pi^4}{90}. \qquad\qquad (b) \quad \sum_{n=1}^{\infty} \frac{1}{n^6} = \frac{\pi^6}{945}.$$

17. 다음 등식이 성립함을 보여라.

$$\frac{1}{1^2 \cdot 3^2} + \frac{1}{3^2 \cdot 5^2} + \frac{1}{5^2 \cdot 7^2} + \cdots = \frac{\pi^2 - 8}{16}.$$

18. 다음 등식을 증명하라.

$$(a) \quad \sum_{n=1}^{\infty} \frac{1}{(2n-1)^4} = \frac{\pi^4}{96}. \qquad\qquad (b) \quad \sum_{n=1}^{\infty} \frac{1}{(2n-1)^6} = \frac{\pi^6}{960}.$$

19. 다음 등식이 성립함을 보여라.

$$\frac{1}{1^2 \cdot 2^2 \cdot 3^2} + \frac{1}{2^2 \cdot 3^2 \cdot 4^2} + \frac{1}{3^2 \cdot 4^2 \cdot 5^2} + \cdots = \frac{4\pi^2 - 39}{16}.$$

20. 등식

$$x = \frac{L}{2} - \frac{4L}{\pi^2}\left(\cos\frac{\pi x}{L} + \cos\frac{3\pi x}{3^2 L} + \cos\frac{5\pi x}{5^2 L} + \cdots\right) \quad 0 \le x \le L \qquad (4.14)$$

이 성립함을 보이고, 이 식을 이용해서 다음 급수의 값을 계산하라.

$$1 + \frac{1}{2^2} + \frac{1}{3^2} + \frac{1}{4^2} + \frac{1}{5^2} + \cdots .$$

21. 식 (4.14)를 적분하여 등식

$$\frac{x^2}{2} = \frac{L}{2}x - \frac{4L^2}{\pi^3}\left(\sin\frac{\pi x}{L} + \sin\frac{3\pi x}{3^3 L} + \sin\frac{5\pi x}{5^3 L} + \cdots\right), \quad (0 \le x \le L) \ (4.15)$$

이 성립함을 보이고, 이 식을 이용해서 다음 급수의 값을 계산하라.

$$1 - \frac{1}{3^3} + \frac{1}{5^3} + \frac{1}{4^2} - \frac{1}{7^3} + \cdots .$$

22. 정적분

$$\int_0^1 \frac{1}{1+x^2}dx \qquad (4.16)$$

에 대해서 다음에 답하여라.

(a) 적분 (4.16)의 값을 정확하게 구하라.

(b) $1/(1+x^2)$에 대한 테일러 급수를 이용해서 (4.16)을 무한급수로 전개하라.

(c) (a)와 (b)를 연관지어서 원주율 π의 값을 급수로 계산하라.

23. 다음 함수의 우함수 부분과 기함수 부분을 찾으라.

$$f(x) = \begin{cases} x, & x > 0, \\ x^2, & x \le 0. \end{cases}$$

24. 다음 함수의 우함수 부분과 기함수 부분을 찾으라.

$$f(x) = \begin{cases} x^2, & x < 0, \\ e^{-x}, & x > 0. \end{cases}$$

제 5 장

푸리에 적분과 변환

푸리에 변환(Fourier transform)은 시간에 대한 함수(즉, 신호)를 그 진동수로 분해하는 작업이다. 음악에서 어떤 화음을 구성하는 음들의 진폭(시끄러운 정도)에 따라 표현하는 것이 이와 유사하다. 어떤 시간에 대한 함수의 푸리에 변환 결과는 진동수에 대한 복소함수이며, 그 절대값은 원래 함수에서 해당 진동수가 존재하는 양을 나타낸다.

5.1 푸리에 적분

푸리에 적분(Fourier integral)은 푸리에 급수를 일반화한 것이다. 함수 $f(x)$에 대한 푸리에 급수

$$a_0 + \sum_{n=1}^{\infty} \left\{ a_n \cos \frac{n\pi}{L} x + b_n \sin \frac{n\pi}{L} x \right\}$$

은 구간 $[-L, L]$에서 정의된 함수 $f(x)$로 부터 계수들을 생성하여 얻는 구간 $(-\infty, \infty)$에서 주기적인 형식이다. 만약 실수 전체에서 정의된 함수가 주기함수가 아니라면, $L \to \infty$로 하고 정수값을 갖는 첨수 n대신에 실수값을 갖는 함수로 대체함으로써 푸리에 적분과 유사한 형식을 얻을 수 있을 것이다. 그러면 계수 a_n과 b_n은 $A(\alpha)$와 $B(\alpha)$형식이 된다. 이러한 생각으로부터 다음 정의를 내리게 된다.

[정리 5.1](푸리에 적분, Fourier integral) 함수 $f(x)$가 다음 두 조건들을 만족한다고 하자.

1. 함수 $f(x)$가 구간 $(-L, L)$에서 다음 세 가지 디리클레 조건들을 모두 만족한다.

   (a) $f(x)$가 구간 $(-L,\ L)$에서 유한개의 점을 제외한 모든 점에서 정의되어 있다.

   (b) $f(x)$가 구간 $(-L,\ L)$의 밖에서 $2L$을 주기를 갖는 주기함수로 정의되어 있다.

   (c) $f(x)$와 $f'(x)$가 구간 $(-L,\ L)$에서 부분구간별로 연속이다.

2. 함수 $f(x)$가 구간 $(-\infty,\ \infty)$에서 절대적으로 적분가능하다. 즉, $\int_{-\infty}^{\infty} |f(x)|\, dx$가 수렴한다.

그러면 함수 f에 대한 푸리에 적분(Fourier integral)은

$$f(x) = \int_0^\infty [A(\alpha)\cos\alpha x + B(\alpha)\sin\alpha x]\, d\alpha \tag{5.1}$$

이고

$$A(\alpha) = \frac{1}{\pi}\int_{-\infty}^{\infty} f(x)\cos\alpha x\, dx, \qquad B(\alpha) = \frac{1}{\pi}\int_{-\infty}^{\infty} f(x)\sin\alpha x\, dx \tag{5.2}$$

이다. □

실수 $\alpha \in (-\infty,\ \infty)$에 대해서 정의된 $A(\alpha)$와 $B(\alpha)$는 푸리에 계수 a_n과 b_n을 일반화한 것이다. 식 (5.1)의 우변을 가리켜서 f의 **푸리에 적분전개 (Fourier integral expansion)**라 한다.

만약 함수 f가 점 x에서 연속이면 식 (5.1)이 성립한다. 그러나 f가 점 x에서 불연속이면 푸리에 급수에서와 마찬가지로, $f(x)$내신에 $\frac{f(x+)+f(x-)}{2}$로 대체해야 한다. 그러나 이러한 조건들은 충분조건이며 필요조건은 아니다. 적분 $\int_{-\infty}^{\infty} f(x)\, dx$가 존재하면

$$\lim_{L\to\infty} |a_0| = \lim_{L\to\infty}\left|\frac{1}{L}\int_{-L}^{L} f(x)\, dx\right| = 0$$

이므로, $f(x)$의 푸리에 적분에 대한 푸리에 계수들을 일반화 할 때, a_0은 무시될 수 있다.

푸리에 적분에 관한 동치정리

[정리 5.2]푸리에 적분에 관한 동치정리) 함수 $f(x)$가 정리 5.1의 조건들을 모두 만족한다고 하자. 그러면

$$f(x) = \frac{1}{\pi}\int_{\alpha=0}^{\infty}\int_{u=-\infty}^{\infty} f(u)\cos\alpha(x-u)\,du\,d\alpha \tag{5.3}$$

또는

$$\begin{aligned} f(x) &= \tfrac{1}{2\pi}\textstyle\int_{-\infty}^{\infty} e^{i\alpha x}d\alpha \int_{-\infty}^{\infty} f(u)e^{i\alpha u}\,du \\ &= \tfrac{1}{2\pi}\textstyle\int_{-\infty}^{\infty}\int_{-\infty}^{\infty} f(u)e^{i\alpha(u-x)}\,du\,d\alpha \end{aligned} \tag{5.4}$$

위 식에서 f가 점 x에서 연속이 아닌 경우에는 $f(x)$대신에 $\frac{1}{2}[f(x+)+f(x-)]$로 대체한다. □

위 정리에서 $f(x)$가 우함수이거나 기함수인 경우에는 위 식들이 훨씬 더 간단해 진다. 즉

$$f(x) = \frac{2}{\pi}\int_0^{\infty}\cos\alpha x\,dx\int_0^{\infty} f(u)\cos\alpha u\,du, \quad (f(x)\text{가 우함수인 경우}) \tag{5.5}$$

또는

$$f(x) = \frac{2}{\pi}\int_0^{\infty}\sin\alpha x\,dx\int_0^{\infty} f(u)\sin\alpha u\,du, \quad (f(x)\text{가 기함수인 경우}) \tag{5.6}$$

이다.

적분을 계산하고 미분방정식과 적분방정식을 풀 때, 중요하게 쓰이는 공식이 다음과 같이 주어진다.

$$f(x) = \frac{1}{\sqrt{2\pi}}\int_{-\infty}^{\infty} e^{-i\alpha x}\left\{\frac{1}{\sqrt{2\pi}}\int_{-\infty}^{\infty} e^{i\alpha x} f(u)\,du\right\}d\alpha.$$

이 식은 식 (5.4)로부터 얻어진 것이다.

5.2 푸리에 변환

식 (5.4)로부터

$$F(\alpha) = \frac{1}{\sqrt{2\pi}} \int_{-\infty}^{\infty} f(u)e^{i\alpha u} du \tag{5.7}$$

일 때

$$F(\alpha) = \frac{1}{\sqrt{2\pi}} \int_{-\infty}^{\infty} F(\alpha)e^{i\alpha x} dx \tag{5.8}$$

이다. 함수 $F(\alpha)$를 일컬어 $f(x)$의 **푸리에 변환**(Fourier transform)이라 부르고 $F(\alpha) = \mathcal{F}[f(x)]$로 나타낸다. 그리고 $f(x)$를 $F(\alpha)$의 **푸리에 역변환**(inverse Fourier transform)이라 하고 $f(x) = \mathcal{F}^{-1}[F(\alpha)]$로 표현한다.

참고 식 (5.7)과 (5.8)에서 적분기호 앞 상수가 모두 $1/\sqrt{2\pi}$로 되어 있다. 그러나 적분기호 앞에 놓인 상수를 동일하게 $1/\sqrt{2\pi}$로 택하지 않고 곱이 $1/2\pi$가 되는 0이 아닌 상수들로 선택해도 된다. 그러한 경우의 상수들을 가리켜서 **대칭형**(symmetric form)이라 한다.

[예제 5.1] 함수 $f(x) = \begin{cases} e^{-x} & \text{if} \quad x > 0 \\ e^{2x} & \text{if} \quad x < 0, \end{cases}$ 의 푸리에 변환을 구하라.

풀이 공식 (5.7)에 의해서

$$\begin{aligned} F(\alpha) &= \tfrac{1}{2\sqrt{2\pi}} \int_{-\infty}^{\infty} e^{i\alpha x} f(x)\, dx = \tfrac{1}{2\pi} \left\{ \int_{-\infty}^{0} e^{i\alpha x} e^{2x} dx + \int_{0}^{\infty} e^{i\alpha x} e^{-x} dx \right\} \\ &= \tfrac{1}{\sqrt{2\pi}} \left\{ \tfrac{e^{i\alpha+2}}{i\alpha+2} \Big|_{x\to-\infty}^{x\to 0-} + \tfrac{e^{i\alpha-1}}{i\alpha-1} \Big|_{x\to 0+}^{x\to\infty} \right\} = \tfrac{1}{\sqrt{2\pi}} \left\{ \tfrac{1}{2+\alpha i} + \tfrac{1}{1-\alpha i} \right\} \end{aligned}$$

이다. ■

만약 $f(x)$가 우함수이면, 식 (5.5)에 의해서

$$F_c(\alpha) = \sqrt{\frac{2}{\pi}} \int_{0}^{\infty} f(u) \cos \alpha u \, du, \quad f(x) = \sqrt{\frac{2}{\pi}} \int_{0}^{\infty} F_c(\alpha) \cos \alpha x \, dx \tag{5.9}$$

이다. 식 (5.9)에 있는 $F_c(x)$와 $f(x)$를 가리켜서 각자의 **푸리에 코사인 변환**(Fourier cosine transform)이라 부른다.

또한 $f(x)$가 기함수이면, 식 (5.6)에 의해서

$$F_s(\alpha) = \sqrt{\frac{2}{\pi}} \int_0^\infty f(u) \sin \alpha u \, du, \qquad f(x) = \sqrt{\frac{2}{\pi}} \int_0^\infty F_c(\alpha) \sin \alpha x \, dx \tag{5.10}$$

이다. 식 (5.9)에 있는 $F_s(x)$와 $f(x)$를 가리켜서 각자의 **푸리에 사인 변환** (Fourier sine transform)이라 부른다.

참고 푸리에 변환 F_c와 F_s는 모두 $A(\alpha)$와 $B(\alpha)$와 같은 형식이며 상수만큼 차이가 난다. 함수 f가 F_c에 대해서는 우함수적이고 F_s에 대해서는 기함수적이므로, F_c와 F_s의 정의역은 모두 $0 < \alpha < \infty$인 것으로 간주될 수 있다.

푸리에 변환들의 곱을 생각할 때에 **합성곱**(convolution)이라 불리우는 새로운 개념이 탄생하게 되는데, 이 개념과 관련해서 (주어진 함수와 그의 푸리에 변환에 의한) 새로운 함수들의 쌍이 나타난다. 특히, $F(\alpha)$와 $G(\alpha)$가 각각 f와 g의 푸리에 변환이면, f와 g의 합성곱 $f * g$는

$$(f * g)(x) = \frac{1}{\sqrt{\pi}} \int_{-\infty}^\infty f(u) g(x-u) \, du \tag{5.11}$$

으로 정의되며, 이때

$$F(\alpha)G(\alpha) = \frac{1}{\sqrt{\pi}} \int_{-\infty}^\infty e^{i\alpha u} (f * g)(u) \, du \tag{5.12}$$

이고

$$(f * g)(x) = \frac{1}{\sqrt{\pi}} \int_{-\infty}^\infty e^{i\alpha x} F(\alpha) G(\alpha) d\alpha \tag{5.13}$$

이다.

두 함수의 합성곱은 교환법칙이 성립할 뿐만 아니라, 두 함수 f와 g의 합성곱 $f * g$의 푸리에 변환은 각각의 푸리에 변환들의 곱과 같다. 즉

$$f * g = g * f$$

이고

$$\mathcal{F}(f * g) = \mathcal{F}(f)\mathcal{F}(g) = F(\alpha)G(\alpha)$$

이다.

또한 식 (5.11)과 (5.13)에 나타난 $f * g$의 표현이 일치해야 하므로

$$\begin{aligned}(f * g)(x) &= \tfrac{1}{\sqrt{\pi}} \textstyle\int_{-\infty}^{\infty} f(u)g(x-u)\,du \\ &= \tfrac{1}{\sqrt{\pi}} \textstyle\int_{-\infty}^{\infty} e^{i\alpha x} F(\alpha)G(\alpha)d\alpha\end{aligned} \tag{5.14}$$

이고, 여기서 $x \to 0$으로 하면

$$\int_{\infty}^{\infty} f(u)g(-u)\,du = \int_{-\infty}^{\infty} F(\alpha)G(\alpha)\,d\alpha \tag{5.15}$$

이다.

이제 f가 복소수 함수라 하고 f의 복소공액 함수(conjugate function)를 $g = \overline{f}$로 놓도록 하자. 그러면 식 (5.15)는

$$\int_{-\infty}^{\infty} |f(u)|^2\,du = \int_{-\infty}^{\infty} |F(\alpha)|^2 d\alpha \tag{5.16}$$

형식이 된다. 이는 푸리에 적분에 대한 Parseval의 정리이다.

더 나아가 f와 g가 모두 우함수들이면, 식 (5.15)로부터 F_c와 G_c가 각각 f와 g의 푸리에 코사인 변환일 때, Parseval의 항등식

$$\int_{-\infty}^{\infty} f(u)g(u)\,du = \int_{-\infty}^{\infty} F_c(\alpha)G_c(\alpha)d\alpha \tag{5.17}$$

를 얻는다. 만약 f와 g가 모두 기함수들이면, 식 (5.15)로부터 F_s와 G_s가 각각 f와 g의 푸리에 사인 변환일 때, Parseval의 항등식

$$\int_{-\infty}^{\infty} f(u)g(u)\,du = \int_{-\infty}^{\infty} F_c(\alpha)G_c(\alpha)d\alpha \tag{5.18}$$

를 얻게 된다. □

5.3 연습문제

푸리에 적분과 변환에 관한 문제

1. $f : \mathbb{R} \to \mathbb{R}$가 T를 주기로 하는 적분가능한 함수일 때 다음 등식이 성립함을 보여라.

$$\int_a^{a+T} f(t)dt = \int_0^T f(t)dt, \quad (\forall \alpha \in \mathbb{R})$$

2. 2π를 주기로 하는 $f : \mathbb{R} \to \mathbb{R}$가 $f(x) = |x|$, $(-\pi < x < \pi)$로 정의되어 있을 때 $f(x)$에 대한 푸리에 급수를 구하라.

3. 다음 함수에 대한 푸리에 급수를 구하라.

$$f(x) = \begin{cases} 0 & \text{if} \quad |x|t \in (-\pi, 0], \\ t & \text{if} \quad t \in (0, \pi) \end{cases}$$

4. 다음 함수에 대한 푸리에 급수를 구하라.

$$f(x) = \begin{cases} 0 & \text{if} \quad |x|t \in (-\pi, 0), \\ c & \text{if} \quad t \in [0, \pi) \end{cases}$$

5. 함수 $f(x) = \begin{cases} 1 & \text{if} \quad |x| \le a, \\ 0 & \text{if} \quad |x| > a \end{cases}$ 에 대해서 다음에 답하여라.

   (a) $f(x)$의 푸리에 변환을 구하라.

   (b) $f(x)$의 그래프를 그리고 $a = 3$에 대한 $f(x)$의 푸리에 변환을 구하라.

6. 함수 $f(x) = \begin{cases} 1/(2\epsilon) & \text{if} \quad |x| \le \epsilon, \\ 0 & \text{if} \quad |x| > \epsilon \end{cases}$ 에 대해서 다음에 답하여라.

   (a) $f(x)$의 푸리에 변환을 구하라.

   (b) $\epsilon \to 0+$일 때, $f(x)$의 푸리에 변환에 대한 극한을 구하고 그 결과를 논하라.

7. 함수 $f(x) = \begin{cases} 1 - x^2 & \text{if} \quad |x| < 1, \\ 0 & \text{if} \quad |x > 1 \end{cases}$ 에 대한 푸리에 변환을 구하라.

8. 함수 $f(x) = \begin{cases} 1 & \text{if} \quad 0 < x < 1, \\ 0 & \text{if} \quad x \geq 1 \end{cases}$ 에 대해서 다음에 답하여라.

   (a) $f(x)$의 푸리에 사인 변환을 구하라.

   (b) $f(x)$의 푸리에 코사인 변환을 구하라.

   (c) 각 경우의 변환에 대해서 그래프를 그리고 나서 각각에 대한 변환을 구하라.

9. (a) 문제 5의 결과를 이용해서 $\int_{-\infty}^{\infty} \frac{\sin \alpha a \cos \alpha x}{\alpha} d\alpha$를 평가하라.

   (b) $\int_0^\infty \frac{\sin u}{u} du$의 값을 구하라.

10. 적분 $\int_0^\infty \left(\frac{x \cos x - \sin x}{x^3}\right) \cos \frac{x}{2}\, dx$를 계산하라.

11. (a) 함수 $f(x) = e^{-x}$, $(x \geq 0)$에 대한 푸리에 사인 변환을 구하라.

    (b) (a)의 결과를 이용해서, $m > 0$일 때, $\int_0^\infty \frac{x \sin mx}{x^2+1} dx = \frac{\pi}{2} e^{-m}$임을 보여라.

    (c) (b)의 결과가 $m = 0$일 때는 성립되지 않는 이유를 푸리에 적분정리의 관점에서 설명하라.

12. 적분 방정식 $\int_0^\infty f(x) \cos \alpha x\, dx = \begin{cases} 1 - \alpha & \text{if} \quad 0 \leq \alpha \leq 1 \\ 0 & \text{if} \quad \alpha > 1 \end{cases}$ 을 풀어라.

13. 문제 12을 이용해서 $\int_0^\infty \frac{\sin^2 u}{u^2} du = \frac{\pi}{2}$임을 증명하라.

14. 모든 $x \geq 0$에 대해서, $\int_0^\infty \frac{\cos \alpha x}{a^2+1} d\alpha = \frac{\pi}{2} e^{-x}$임을 증명하라.

Parseval의 항등식에 관한 문제

15. 다음 적분들을 Parseval의 항등식을 이용해서 구하라.

(a) $\int_0^\infty \frac{1}{(x^2+1)^2}dx.$ (b) $\int_0^\infty \frac{x^2}{(x^2+1)^2}dx.$

(힌트: e^{-x}, $(x>0)$에 대한 푸리에의 사인과 코사인 변환들을 이용하라.)

16. 문제 4의 결과를 이용해서 다음 등식이 성립함을 증명하라.

(a) $\int_0^\infty \left(\frac{1-\cos x}{x}\right)^2 dx = \frac{\pi}{2}.$ (b) $\int_0^\infty \frac{\sin^4 x}{x^2}dx = \frac{\pi}{2}.$

17. 등식 $\int_0^\infty \frac{(x\cos x - \sin x)^2}{x^6}dx = \frac{\pi}{15}$가 성립함을 보여라.

18. 리미만(Riemann) 정리에 의해, $F(x)$가 구간 $(a,\, b)$에서 부분구간별 연속이면

$$\lim_{\alpha\to\infty}\int_a^b F(x)\sin\alpha x\, dx = 0$$

이다. 이 식을 이용해서, 함수 $f(x)$와 $f'(x)$가 모두 구간 $(0,\, L)$과 $(-L,\, 0)$에서 연속이라고 할 때, 다음이 성립함을 증명하라.

(a) $\lim_{\alpha\to\infty}\int_0^L f(x+\mu)\frac{\sin\mu x}{\mu}d\mu = \frac{\pi}{2}f(x+).$

(b) $\lim_{\alpha\to\infty}\int_{-L}^0 f(x+\mu)\frac{\sin\mu x}{\mu}d\mu = \frac{\pi}{2}f(x-).$

기타 문제들

19. 다음 세 가지 조건을 만족하는 편미분방정식 $\frac{\partial U}{\partial t} = 2\frac{\partial^2 U}{\partial x^2}$의 해를 구하라.

(a) 영역 $\{(x,\, t) : x>0, \quad t>0\}$에서 $U(x,t)$가 유계하다.

(b) $U(x,0) = e^{-x}, \quad (x>0)$이다.

(c) $U(0,t) = 0$이다.

20. 함수 $e^{-x^2/2}$의 푸리에 변환이 $e^{-x^2/2}$임을 증명하라.

21. 함수 $g(x)$의 푸리에 변환이 $G(\alpha) = \frac{1}{\sqrt{\pi}}\int_{-\infty}^\infty e^{i\alpha x}f(x)g(x)dx$일 때, $g(x-u)$의 푸리에 변환은 $e^{i\alpha u}G(\alpha)$임을 증명하라.

22. 복소수 함수 $f(x)$와 $g(x)$의 푸리에 변환을 각각 $F(\alpha)$와 $G(\alpha)$라고 할 때, 다음 등식이 성립함을 증명하라.

$$\int_{-\infty}^{\infty} F(\alpha)\overline{G(\alpha)} = \int_{-\infty}^{\infty} f(x)\overline{g(x)}\, dx.$$

(여기서, $\overline{G(\alpha)}$와 $\overline{g(x)}$는 각각 $G(\alpha)$와 $g(x)$의 복소수 켤레(conjugate)이다.)

23. 다음 등식이 성립함을 보여라.

$$\sin x = x\left(1 - \frac{x^2}{\pi^2}\right)\left(1 - \frac{x^2}{(2\pi)^2}\right)\left(1 - \frac{x^2}{(3\pi)^2}\right)\cdots.$$

24. 문제 23을 이용해서, 다음 등식이 성립함을 보여라.

$$\frac{2}{\pi} = \left(\frac{1}{2}\cdot\frac{3}{2}\right)\left(\frac{3}{4}\cdot\frac{5}{4}\right)\left(\frac{5}{6}\cdot\frac{7}{6}\right)\cdots = \frac{3^2\cdot 5^2\cdot 7^2\cdot 9^2\cdots}{2^2\cdot 4^2\cdot 6^2\cdot 8^2\cdots}.$$

25. 다음 조건을 만족시키는 편미분방정식 $\frac{\partial U}{\partial t} = \frac{\partial^2 U}{\partial x^2}$의 해를 구하라.

   (a) $U(0, t) = 0$

   (b) $U(x, 0) = \begin{cases} 1 & \text{if} \quad 0 < x < 1, \\ 0 & \text{if} \quad x \geq 1. \end{cases}$

   (c) $x > 0,\ t > 0$일 때, $U(x, 1)$이 유계함

26. 다음 조건을 만족시키는 편미분방정식 $\frac{\partial U}{\partial t} = 2\frac{\partial^2 U}{\partial x^2}$의 해를 구하라.

   (a) $U(0, t) = 0$이다.

   (b) $x > 0$일 때 $U(x, 0) = e^{-x}$이다.

   (c) $x > 0,\ t > 0$일 때, $U(x, 1)$이 유계함

27. 주어진 함수 $g(x)$와 $r(x)$가 있을 때 다음 적분식을 풀어라.

$$y(x) = g(x) + \int_{-\infty}^{\infty} y(u)r(x-u)\, du.$$

28. 모든 기함수는 우함수와 서로 직교(orthogonal)임을 증명하라.

29. 2π를 주기로 하는 $f : \mathbb{R} \to \mathbb{R}$가 $f(x) = x,\ (-\pi < x < \pi)$로 정의되어 있을 때, $f(x)$에 대해서 복소수 푸리에 급수로 전개하라.

제 6 장

변수분리법

6.1 열방정식의 해

다음 열방정식 문제를 보자.

$$\begin{cases} u_t - ku_{xx} = 0, & (0 < x < L, \quad 0 < t), \\ u(0,t) = u(L,t) = 0, & (0 \le t), \\ u(x,0) = f(x), & (0 \le x \le L). \end{cases} \tag{6.1}$$

◇ 식 (6.1)의 두 조건에 의해서 의해서 $f(0) = f(L) = 0$인 조건을 만족해야 한다. 여기서 주어진 문제의 해가

$$u(x,t) = X(x)T(t)$$

라고 추정하자. 그러면 식 (6.1)의 첫 번째 식에 의해서

$$X(x)T'(t) = kX''(x)T(t), \quad (0 < x < L, \quad 0 < t)$$

이므로

$$\frac{T'(t)}{kT(t)} = \frac{X''(x)}{X(x)} \equiv -\lambda(\text{상수})$$

로 놓게 되면

$$\begin{cases} \frac{d^2X}{dx^2} = -\lambda X, & (0 < x < L), \\ \frac{dT}{dt} = -\lambda kT, & (0 < t) \end{cases} \tag{6.2}$$

이다.

I. 먼저 (6.2)의 첫 번째 식의 해 $X(x)$를 구해보자. 우선 $x = 0$과 $x = L$에서 경계조건을 알 필요가 있다. 그런데 식 (6.1)의 조건에 의해서

$$u(0,t) = 0 \quad \Rightarrow X(0)T(t) = 0, \quad T(t) \neq 0 \quad \Rightarrow X(0) = 0$$

이고

$$u(L,t) = 0 \quad \Rightarrow X(L)T(t) = 0, \quad T \neq 0 \quad \Rightarrow X(L) = 0$$

이다. 따라서 다음 경계값 문제를 얻는다.

$$\begin{cases} \frac{d^2X}{dx^2} + \lambda X = 0, & (0 < x < L), \\ X(0) = X(L) = 0. \end{cases} \tag{6.3}$$

※ 이 문제는 다음과 같은 고유값 λ와 고유함수 X_λ를 가진 고유값 문제다.

(1) $\lambda < 0$인 경우:

$$\begin{cases} X(x) &= a\cosh(\sqrt{-\lambda}x + b\sinh(\sqrt{-\lambda}x)), \\ X(0) &= X(L) = 0 \end{cases} \quad \Rightarrow \quad X(x) = 0(\text{무용해}).$$

(2) $\lambda = 0$인 경우:

$$\begin{cases} X(x) &- ax + b, \quad (a, b: \text{ 상수}) \\ X(0) &= X(L) = 0 \end{cases} \quad \Rightarrow \quad X(x) = 0(\text{무용해}).$$

(3) $\lambda > 0$인 경우:

$$\begin{cases} X(x) &= a\cos(\sqrt{\lambda}x + b\sin(\sqrt{\lambda}x)), \\ X(0) &= X(L) = 0 \end{cases} \quad \Rightarrow a = 0 \ \& \ \sin\left(\sqrt{\lambda}L\right) = 0$$

$$\Rightarrow \lambda = \lambda_n = \left(\tfrac{n\pi}{L}\right)^2, \ X(x) = X_n(x) = \sin\left(\tfrac{n\pi}{L}x\right), \ (n = 1, 2, \ldots).$$

※ $\lambda \leq 0$인 경우에는 식 (6.3)의 해가 $X = 0$이므로

$$u(x,t) = X(x)T(t) = 0$$

이 되어 구하려는 해를 얻지 못하고, 오직 $\lambda = \lambda_n = \left(\frac{n\pi}{L}\right)^2$, $(n = 1, 2, \ldots)$인 경우에만 유용한 해를 얻을 수가 있다.

II. 이제 $\lambda = \lambda_n = \left(\frac{n\pi}{L}\right)^2$, $(n = 1, 2, \ldots)$인 경우에 대해서 식 (6.2)의 두 번째 식에 대한 해 $T(t)$를 구하면

$$T_n(t) = e^{-k\left(\frac{n\pi}{L}\right)^2 t}, \quad n = 1, 2, 3, \ldots$$

이다. 따라서 각 고유값 $\lambda_n = \left(\frac{n\pi}{L}\right)^2$, $(n = 1, 2, 3, \ldots)$에 대해서

$$u_n(x,t) = X_n(x)T_n(t) = \sin\left(\frac{n\pi}{L}x\right) e^{-k\left(\frac{n\pi}{L}\right)^2 t}$$

가 주어진 열방정식 문제 (6.1)의 해가 되므로, 이들의 선형결합

$$u(x,t) = \sum_{n=1}^{\infty} A_n \sin\left(\frac{n\pi}{L}x\right) e^{-k\left(\frac{n\pi}{L}\right)^2 t} \tag{6.4}$$

이 구하려는 해가 된다. 여기서 상수 A_n의 값을 결정하기 위해서 경계조건 $u(x,0) = f(x)$, $(0 \leq x \leq L)$를 이용하면

$$\sum_{n=1}^{\infty} A_n \sin\frac{n\pi x}{L} = f(x)$$

이다. 이때, $n = 1, 2, 3, \ldots$에 대해서, 이 식의 양변에 $\sin\frac{n\pi x}{L}$를 곱한 다음에 0부터 L까지 적분하면

$$A_n = \frac{2}{L}\int_0^L f(x)\sin\frac{n\pi x}{L}dx, \quad (n = 1, 2, \ldots)$$

이다.

[정리 6.1](열방정식의 해) 열방정식

$$\begin{cases} u_t - ku_{xx} = 0, & (0 < x < L, \quad 0 < t), \\ u(0,t) = u(L,t) = 0, & (0 \le t), \\ u(x,0) = f(x), & (0 \le x \le L) \end{cases} \tag{HE1}$$

의 해는 다음과 같다.

$$\begin{cases} u(x,t) = \sum_{n=1}^{\infty} A_n \sin\left(\frac{n\pi}{L}x\right) e^{-k\left(\frac{n\pi}{L}\right)^2 t}, \\ A_n = \frac{2}{L}\int_0^L f(x) \sin\frac{n\pi x}{L} dx, \quad (n = 1, 2, \ldots). \end{cases} \tag{HE2}$$

□

[예제 6.1] 다음 문제의 해를 구하라.

$$u_t - u_{xx} = 0, \quad (0 < x < \pi, \quad 0 < t); \tag{6.5}$$

$$u(0,t) = u(\pi,t) = 0, \quad (0 \le t); \tag{6.6}$$

$$u(x,0) = \begin{cases} x, & (0 \le x \le \frac{\pi}{2}) \\ \pi - x, & (\frac{\pi}{2} \le x \le \pi) \end{cases} \tag{6.7}$$

풀이 $k = 1$, $L = \pi$로 놓고 정리 6.1을 이용하면, 이 문제의 해는

$$u(x,t) = \sum_{n=1}^{\infty} A_n \sin(nx)\, e^{-kn^2 t}$$

이다. 여기서 조건 (6.7)을 적용시키면

$$A_n = \frac{4}{n^2\pi} \sin\frac{n\pi}{2}, \quad (n = 1, 2, 3, \ldots)$$

이다. 그러므로 구하는 해는

$$u(x,t) = \frac{4}{\pi}\sum_{n=1}^{\infty} \frac{(-1)^{n+1}}{(2n-1)^2} \sin[(2n-1)x]\, e^{-(2n-1)^2 t}$$

이다. ■

위 예제에서 우리가 구한 해는 함수들의 무한급수다. 따라서 우리가 얻은 해가 잘 정의되려면 이 급수해의 수렴성 여부를 따져봐야 한다.

함수들의 급수 $\sum_{n=1}^{\infty} u_n(x,t)$의 수렴성 여부를 판정하기 위해서 다음과 같은 바이어스트라스(Weierstrass) M-판정법을 이용하면 된다.

[정리 6.2](바이어스트라스 M-판정법) $n = 1, 2, \ldots$에 대해서 $|u_n(x,t)| \le M_n$이고 $\sum_{n=1}^{\infty} M_n < \infty$이면, 급수 $\sum_{n=1}^{\infty} u_n(x,t)$이 균등하게 수렴한다.

일반적으로 $\frac{\partial}{\partial x} \sum_{n=1}^{\infty} u_n(x,t) \ne \sum_{n=1}^{\infty} \frac{\partial}{\partial x} u_n(x,t)$이므로, 급수 $\sum_{n=1}^{\infty} \frac{\partial}{\partial t} u_n(x,t)$와 $\sum_{n=1}^{\infty} \frac{\partial^2}{\partial x^2} u_n(x,t)$의 수렴성이 검증되어야 한다. 이러한 문제는 연습문제로 남겨 놓겠다.

6.2 파동방정식의 해

이 절에서는 다음과 같은 파동방정식(wave equation) 문제를 다루기로 한다.

$$\begin{cases} u_{tt} - c^2 u_{xx} = 0, & (0 < x < L,\ 0 < t), \\ u_x(0,t) = u_x(L,t) = 0, & (0 \le t), \\ u(x,0) = f(x), \quad u_t(x,0) = g(x), & (0 \le x \le L). \end{cases} \tag{6.8}$$

위 문제에서 주어진 함수 $f(x)$와 $g(x)$는 다음 조건을 만족해야 한다.

$$f'(0) = f'(L) = g'(0) = g'(L) = 0.$$

여기서

$$u(x,t) = X(x)T(t)$$

로 놓으면 (6.8)의 첫 번째 식에 의해서

$$X(x)T''(t) = c^2 X''(x)T(t)$$

이므로

$$\frac{T''(t)}{c^2 T(t)} = \frac{X''(x)}{X(x)} \equiv -\lambda(\text{상수})$$

또는 두 개의 상미분방정식

$$X''(x) + \lambda X(x) = 0, \quad T''(t) + \lambda c^2 T(t) = 0 \tag{6.9}$$

을 얻는다. 그리고 이 문제는 고유값 문제다.

또한 식 (6.8)에 주어진 경계조건에 의해서 다음 관계가 성립해야 한다.

$$\begin{aligned} u_x(0,t) = u_x(L,t) = 0 \ &\Rightarrow \ X'(0)T(t) = X'(L)T(t) = 0, \ T(t) \neq 0 \\ &\Rightarrow \ X'(0) = X'(L) = 0. \end{aligned}$$

I. 먼저 다음 경계값 문제의 해를 구하도록 하자.

$$X''(x) + \lambda X(x) = 0, \quad X'(0) = X'(L) = 0. \tag{6.10}$$

※ 위 문제는 λ에 관련된 고유값 문제다.

(1) $\lambda < 0$인 경우: 식 (6.10)의 해가

$$X(x) = a\cosh(\sqrt{-\lambda}x) + b\sinh(\sqrt{-\lambda}x), \quad (a, b: \text{ 상수})$$

이고

$$X'(0) = X'(L) = 0 \quad \Longrightarrow \quad a = b = 0 \quad \& \quad X(x) = 0$$

인데, $u(x,t) = X(x)T(t) \neq 0$이 되어야 하므로, 해가 존재할 수 없다.

(2) $\lambda = 0$인 경우

$$X(x) = ax + b, \quad (a, \ b: \text{ 상수})$$

이고

$$X'(0) = X'(L) = 0 \quad \Longrightarrow \quad X_0(x) = b$$

이다.

(3) $\lambda > 0$인 경우

$$X(x) = a\cos(\sqrt{\lambda}x) + b\sin(\sqrt{\lambda}x)$$

이고

$$\begin{aligned} X'(0) = X'(L) = 0 \quad &\Rightarrow \quad b = 0 \ \& \ \sin(\sqrt{\lambda}L) = 0 \\ &\Rightarrow \quad b = 0 \ \& \ \sqrt{\lambda}L = n\pi, \ (n = 1, 2, \ldots) \end{aligned}$$

이므로

$$X(x) = X_n(x) = a_n \cos\left(\frac{n\pi}{L}x\right), \ (a_n : \text{ 상수}, \ n = 1, 2, \ldots) \tag{6.11}$$

이다.

II. 이제 (6.10)의 두 번째 식 $T''(t) + \lambda c^2 T(t) = 0$의 해를 구하자.

(1) $\lambda = 0$인 경우

$$T''(t) = 0 \quad \Longrightarrow \quad T_0(t) = \alpha_0 + \beta_0 t, \quad (\alpha_0, \beta_0 : \text{ 상수}).$$

(2) $\lambda = \lambda_n = \left(\frac{n\pi}{L}\right)^2, \ (n = 1, 2, \ldots)$인 경우

$$\begin{aligned} T_n(t) &= \alpha_n \cos\left(\sqrt{\lambda_n}ct\right) + \beta_n \sin\left(\sqrt{\lambda_n}ct\right) \\ &= \alpha_n \cos\left(\tfrac{cn\pi}{L}t\right) + \beta_n \sin\left(\tfrac{cn\pi}{L}t\right), \quad (\alpha_n, \beta_n : \text{ 상수}). \end{aligned}$$

이다.

III. 그러므로 식 (6.8)의 해는

$$\begin{aligned} u(x,t) &= X_0(x)T_0(t) + \sum_{n=1}^{\infty} X_n(x)T_n(x) \\ &= A_0 + B_0 t + \sum_{n=1}^{\infty} \left[A_n \cos\left(\tfrac{cn\pi}{L}t\right) + B_n \sin\left(\tfrac{cn\pi}{L}t\right)\right] \cos\left(\tfrac{n\pi}{L}x\right) \end{aligned}$$

이다. 여기서 조건 $u(x, 0) = f(x)$와 $u_(x, 0) = g(x)$를 대입하면

$$f(x) = u(x, 0) = A_0 + \sum_{n=1}^{\infty} A_n \cos\left(\frac{n\pi}{L}x\right)$$

이고

$$g(x) = u(x, 0) = B_0 + \sum_{n=1}^{\infty} B_n \frac{cn\pi}{L} \cos\left(\frac{n\pi}{L}x\right)$$

인 관계를 만족해야 한다. 따라서

$$A_0 = \frac{1}{L}\int_0^L f(x)dx, \quad A_n = \frac{2}{L}\int_0^L f(x)\cos\left(\frac{n\pi}{L}x\right)dx, \ (n = 1, 2, \ldots)$$

이고

$$B_0 = \frac{1}{L}\int_0^L g(x)dx, \quad B_n = \frac{2}{cn\pi}\int_0^L g(x)\cos\left(\frac{n\pi}{L}x\right)dx, \ (n = 1, 2, \ldots)$$

이다.

위의 내용은 다음 정리로 요약된다.

[정리 6.3] 파동방정식 문제

$$\begin{cases} u_{tt} - c^2 u_{xx} = 0, & (0 < x < L,\ 0 < t), \\ u_x(0,t) = u_x(L,t) = 0, & (0 \le t) \\ u(x,0) = f(x), \quad u_t(x,0) = g(x), & (0 \le x \le L) \end{cases} \tag{WE1}$$

의 해는 다음과 같다.

$$\begin{aligned} u(x,t) &= A_0 + B_0 t \\ &\quad + \sum_{n=1}^{\infty}\left[A_n\cos\left(\tfrac{cn\pi}{L}t\right) + B_n\sin\left(\tfrac{cn\pi}{L}t\right)\right]\cos\left(\tfrac{n\pi}{L}x\right), \\ A_0 &= \tfrac{1}{L}\int_0^L f(x)dx, \\ B_0 &= \tfrac{1}{L}\int_0^L g(x)dx, \\ A_n &= \tfrac{2}{L}\int_0^L f(x)\cos\left(\tfrac{n\pi}{L}x\right)dx, \\ B_n &= \tfrac{2}{cn\pi}\int_0^L g(x)\cos\left(\tfrac{n\pi}{L}x\right)dx. \end{aligned} \tag{WE2}$$

[예제 6.3] 다음 문제의 해를 구하라.

$$\begin{cases} u_{tt} - 4u_{xx} = 0, & (0 < x < 1,\ 0 < t), \\ u_x(0,t) = u_x(1,t) = 0, & (0 \le t), \\ u(x,0) = \cos^2(\pi x),\ u_t(x,0) = \sin^2(\pi x)\cos(\pi x), & (0 \le x \le 1). \end{cases}$$

풀이 $c = 2$, $L = 1$로 놓고 정리 6.3을 이용하면, 이 문제의 해는

$$u(x,t) = A_0 + B_0 t + \sum_{n=1}^{\infty}\left[A_n\cos(2n\pi t) + B_n\sin(2n\pi t)\right]\cos(n\pi x)$$

이다. 그리고

$$u(x,0) = A_0 + \sum_{n=1}^{\infty} A_n \cos(n\pi x) = \cos^2(\pi x) = \frac{\cos(2\pi x)+1}{2} = f(x)$$

이므로

$$A_n = 0,\ (n = 1, 3, 4, 5, \ldots), \quad A_0 = A_2 = \frac{1}{2}$$

이다. 또한 조건 $u_t(x,0) = \sin^2(\pi x)\cos(\pi x)$에 의해서

$$\begin{aligned} u_t(x,0) &= B_0 + \sum_{n=1}^{\infty} B_n(2n\pi)\cos(n\pi x) \\ &= \sin^2(\pi x)\cos(\pi x) = \tfrac{\cos(\pi x)-\cos(3\pi x)}{4} = g(x) \end{aligned}$$

이므로

$$B_n = 0,\ (n = 0, 2, 4, 5, 6, \ldots), \quad B_1 = \frac{1}{8\pi}, \quad B_3 = -\frac{1}{24\pi}$$

이다. 그러므로 구하는 해는

$$\begin{aligned} u(x,t) &= \tfrac{1}{2} + \tfrac{1}{8\pi}\sin(2\pi t)\cos(\pi x) + \tfrac{1}{2}\cos(4\pi t)\cos(2\pi x) \\ &\quad -\tfrac{1}{24\pi}\sin(6\pi t)\cos(3\pi x) \end{aligned}$$

이다. ■

[예제 6.4] 다음 문제의 해를 구하라.

$$\begin{cases} u_{tt} - u_{xx} = \cos(2\pi x)\cos(2\pi t), & (0 < x < 1, \quad 0 < t), \\ u_x(0,t) = u_x(1,t) = 0, & (0 \le t), \\ u(x,0) = \cos^2(\pi x), \quad u_t(x,0) = 2\cos(\pi x), & (0 \le x \le 1). \end{cases}$$

풀이 이 문제에 대해서 교유값과 고유함수는

$$\lambda_n = (n\pi)^2, \quad x_n(x) = \cos(n\pi x), \quad n = 0, 1, 2, \ldots$$

이다. 여기서 구하려는 해를

$$u(x,t) = \frac{T_0(t)}{2} + \sum_{n=1}^{\infty} T_n(t)\cos(n\pi x)$$

로 추정하자. 이 식을 주어진 PDE에 치환한 다음 초기조건을 대입하면, 해

$$u(x,t) = \frac{1}{2}\left(\frac{\cos(2\pi t)}{2} + \frac{t+4}{4\pi}\sin(2\pi t)\right)\cos(2\pi x)$$

를 얻는다. ■

6.3 라플라스 방정식의 해

이 절에서는 다음 경계조건들이 주어진 라플라스 방정식 문제를 다루도록 하겠다.

$$\begin{cases} u_{xx}+u_{yy}=0,\ (0\le x\le L_1, \quad 0\le y\le L_2), \\ u(x,0)=f(x),\ u(x,L_2)=0,\ (0\le x\le L_1), \\ u(0,y)=u(L_1,y)=0,\ (0\le y\le L_2). \end{cases} \tag{6.12}$$

※ 위 문제에서 함수 $f(x)$는 다음 병행조건을 만족해야 한다.

$$f(0)=f(L_1)=0.$$

먼저 식 (6.12)의 해를

$$u(x,y)=X(x)Y(y) \tag{6.13}$$

로 놓자. 그러면

$$X''(x)y(y)+X(x)Y''(y)=0$$

이므로

$$\frac{X''(x)}{X(x)}=-\frac{Y''(x)}{Y(x)}=-\lambda(\text{상수}) \tag{6.14}$$

이고, 이로부터 다음 2개의 상미분방정식을 얻게 된다.

$$X''(x)+\lambda X(x)=0, \quad Y''(x)-\lambda Y(y)=0.$$

또한, 문제 (6.12)의 조건들에 의해서, $X(0)=X(L_1)=0$이고 $Y(L_2)=0$인 관계를 만족해야 한다. 따라서 다음과 같은 2개의 경계값문제

$$\begin{cases} X''(x)+\lambda X(x)=0, \\ X(0)=X(L_1)=0 \end{cases} \tag{6.15}$$

와

$$\begin{cases} Y''(y)-\lambda Y(y)=0, \\ Y(L_2)=0 \end{cases} \tag{6.16}$$

를 얻게 된다.

I. 먼저 문제 (6.15)의 해를 구하도록 하겠다.

(1) $\lambda < 0$인 경우: $X''(x) + \lambda X(x) = 0$의 일반해가

$$X(x) = a\cosh(\sqrt{-\lambda}x) + b\sinh(\sqrt{-\lambda}x),\ (a, b : \text{상수})$$

이고, 조건 $X(0) = X(L_1) = 0$에 의하여, $X(x) = 0$인 불용해를 얻게 된다.

(2) $\lambda = 0$인 경우: $X''(x) + \lambda X(x) = 0$의 일반해가

$$X(x) = ax + b,\ (a, b : \text{상수})$$

이며, 경계조건 $X(0) = X(L_1) = 0$에 의하여, $X(x) = 0$인 불용해를 얻게 된다.

(3) $\lambda > 0$인 경우: $X''(x) + \lambda X(x) = 0$의 일반해가

$$X(x) = a\cos(\sqrt{\lambda}x) + b\sin(\sqrt{\lambda}x),\quad (a, b : \text{상수})$$

이고, 조건 $X(0) = X(L_1) = 0$에 의하여, 다음 결과를 얻는다.

$$a = 0\ \&\ \sin(\sqrt{\lambda}L_1) = 0\ \leftrightarrow\ \lambda = \lambda_n = \left(\frac{n\pi}{L_1}\right),\ (n = 1, 2, \ldots).$$

그러므로 경계값문제 (6.15)은, 고유값 $\lambda = \lambda_n = (n\pi/L_1)^2$, $(n = 1, 2, \ldots)$에 대해서, 다음과 같은 해를 갖는다.

$$X_n(x) = b_n \sin(\sqrt{\lambda_n}x) = b_n \sin\left(\frac{n\pi}{L_1}x\right),\ (b_n : \text{상수}),\ n = 1, 2, \ldots). \quad (6.17)$$

[참고] 위의 결과 (1), (2), (3)에 의해서 경계값 문제 (6.15)는 오직 고유값 $\lambda = \lambda_n = (n\pi/L_1)^2$, $(n = 1, 2, \ldots)$에 대해서만 해 (6.17)을 갖게 된다.

II. 이제 $\lambda = \lambda_n = (n\pi/L_1)^2$, $(n = 1, 2, \ldots)$에 대해서, (6.16)의 해를 구하자. 방정식 $Y''(y) - \lambda_n Y(y) = 0$의 일반해가

$$Y(y) = c_n \cosh\left(\sqrt{\lambda_n}y\right) + d_n \sinh\left(\sqrt{\lambda_n}y\right),\ (c_n, d_n :\ \text{상수})$$

이며, 여기에 조건 $Y(L_2) = 0$을 대입하면

$$Y(L_2) = c_n \cosh\left(\frac{n\pi}{L_1}L_2\right) + d_n \sinh\left(\frac{n\pi}{L_1}L_2\right) = 0$$

이므로

$$c_n = -d_n \tanh\left(\frac{n\pi}{L_1}L_2\right), \ (n = 1, 2, \ldots)$$

이 된다. 그러므로 문제 (6.16)의 해는 다음과 같다.

$$\begin{aligned} Y = Y_n(y) &= -d_n \tanh\left(\sqrt{\lambda_n}L_2L_2\right)\cosh(\sqrt{\lambda_n}y) + d_n \sinh(\sqrt{\lambda_n}y) \\ &= d_n\left[\frac{\sinh(\sqrt{\lambda_n}y)\cosh(\sqrt{\lambda_n}L_2) - \cosh(\sqrt{\lambda_n}y)\sinh(\sqrt{\lambda_n}L_2)}{\cosh(\sqrt{\lambda_n}L_2)}\right] \\ &= \underbrace{\left\langle\frac{d_n}{\cosh(\sqrt{\lambda_n}L_2)}\right\rangle}_{\tilde{d_n}} \sinh\left(\sqrt{\lambda_n}(y - L_2)\right), \ (n = 1, 2, \ldots) \\ &= \tilde{d_n}\sinh\left(\frac{n\pi}{L_1}(y - L_2)\right) \ (\tilde{d_n} : \text{상수}, \ n = 1, 2, \ldots). \end{aligned} \tag{6.18}$$

III. 라플라스 방정식 문제 (6.19)의 해는 다음과 같다.

$$u(x, y) = \sum_{n=1}^{\infty} \alpha_n X_n(x) Y_n(y) = \sum_{n=1}^{\infty} B_n \sinh\left(\frac{n\pi}{L_1}(y - L_2)\right)\sin\left(\frac{n\pi}{L_1}x\right).$$

여기에 (6.19)에 주어진 조건 $u(x, 0) = f(x)$를 대입하면

$$f(x) = u(x, 0) = \sum_{n=1}^{\infty} \underbrace{\left\{-B_n \sinh\left(\frac{n\pi L_2}{L_1}\right)\right\}}_{C_n} \sin\left(\frac{n\pi}{L_1}x\right).$$

이므로

$$-B_n \sinh\left(\frac{n\pi L_2}{L_1}\right) = C_n = \frac{2}{L_1}\int_0^{L_1} f(x)\sin\left(\frac{n\pi}{L_1}x\right)\,dx$$

또는

$$B_n = -\frac{2}{L_1 \sinh\left(\frac{n\pi L_2}{L_1}\right)}\int_0^{L_1} f(x)\sin\left(\frac{n\pi}{L_1}x\right)\,dx$$

이다.

위에서 서술한 내용은 다음 정리로 요약된다.

[정리 6.4](라플라스 방정식 문제의 해) 라플라스 방정식 문제

$$\begin{cases} u_{xx}+u_{yy}=0, \ (0 \le x \le L_1, \quad 0 \le y \le L_2), \\ u(x,0)=f(x), \ u(x,L_2)=0, \ (0 \le x \le L_1), \\ u(0,y)=u(L_1,y)=0, \ (0 \le y \le L_2). \end{cases} \tag{LE1}$$

의 해는 다음과 같다.

$$\begin{cases} u(x,y) &= \sum_{n=1}^{\infty} B_n \sinh\left(\frac{n\pi}{L_1}(y-L_2)\right) \sin\left(\frac{n\pi}{L_1}x\right), \\ B_n &= -\frac{2}{L_1 \sinh\left(\frac{n\pi L_2}{L_1}\right)} \int_0^{L_1} f(x) \sin\left(\frac{n\pi}{L_1}x\right) dx. \end{cases} \tag{LE2}$$

[예제 6.5] 다음 라플라스 방정식 문제의 해를 구하라.

$$\begin{cases} u_{xx}+u_{yy}=0, \ (0 \le x \le \pi, \quad 0 \le y \le 2\pi), \\ u(x,0)=\sin x, \ u(x,2\pi)=0, \ (0 \le x \le \pi), \\ u(0,y)=u(\pi,y)=0, \ (0 \le y \le 2\pi). \end{cases} \tag{6.19}$$

풀이 위 정리를 이용하여 $L_1=\pi$, $L_2=2\pi$ 그리고 $f(x)=\sin x$로 놓고 풀면

$$\begin{aligned} B_n &= -\frac{2}{\pi \sinh(2n\pi)} \int_0^{\pi} f(x) \sin(nx)\, dx \\ &= -\frac{2}{\pi \sinh(2n\pi)} \times \begin{cases} \frac{\pi}{2} & \text{if} \quad n=1, \\ 0 & \text{if} \quad n \ne 1 \end{cases} \end{aligned} \tag{6.20}$$

이므로, 구하는 해는

$$\begin{aligned} u(x,y) &= \sum_{n=1}^{\infty} B_n \sinh(n(y-2\pi)) \sin(nx), \\ &= -\frac{1}{\sinh(2\pi)} \sinh(y-2\pi) \sin x \end{aligned} \tag{6.21}$$

이다. ■

◇ 변수분리법을 사용하기 위한 조건

변수분리법을 사용하는 데에는 제한이 있기 때문에 이 법을 적용하기 위한 조건들을 다음과 같이 제시한다.

조건1: 편미분방정식 $L(u) = f(x, y)$에서 연산자 L이 분리형이 되어야 한다.

(예: $L = \frac{\partial^2}{\partial x^2} + \frac{\partial^2}{\partial y^2}$).

만약 $L(u) = \frac{\partial^2 u}{\partial x^2} + \frac{\partial^2 u}{\partial x \partial y} + \frac{\partial^2 u}{\partial y^2}$인 경우에는, $u(x, y) = X(x)Y(y)$로 치환했을 때, $L[X(x)Y(y)] = X''Y + X'Y' + XY''$의 변수들이 서로 분리될 수 없다.

조건2: 모든 경계조건과 초기조건들이 직선 $x = x_0$(상수)와 $y = y_0$(상수)에서 주어져 있어야 한다. 따라서 정의역이 x-축과 y-축에 평행한 직사각 영역이 되어야 한다.

조건3: 직선 $x = x_0$(상수)에서 경계조건에 변수 x에 관한 u의 편도함수가 포함되어 있지 않아야 한다. 마찬가지로 직선 $y = y_0$(상수)에서도 경계조건에 변수 y에 관한 u의 편도함수가 포함되어 있지 않아야 한다. (예를 들어, $x = 0$에서 경계조건이 $\frac{\partial u}{\partial x} + \frac{\partial u}{\partial y} = 0$으로 주어져 있는 경우를 생각해 보라.)

6.4 연습문제

1. 다음 PDE가 분리형인지 아닌지를 판별하라. 분리형인 경우에는 두 개의 ODE로 분리시켜라.

   (a) $x^2 u_{xx} - t^2 u_{tt} = 0$.

   (b) $x u_{xx} - 4u_{tt} = 5u_{xt}$.

   (c) $u_{xx} - 3u = u_t, \quad u(0,t) = u(\pi,t) = 0$.

   (d) $u_{xx} + 2t u_{xt} = 4u, \quad u_x(0,t) = u(7,t) = 0$.

2. 다음 경계값 문제가 해를 갖지 않음을 보여라.

$$y'' + 4y = 0, \quad y(0) = 2, \quad y(\pi) = 3.$$

3. 다음 각 경계값 문제에 대한 고유값과 고유함수들을 구하라.

   (a) $X'' + \lambda X = 0, \quad X(0) = X(2\pi) = 0$.

   (b) $X'' + \lambda X = 0, \quad X(0) = X'(2\pi) = 0$.

   (c) $X'' + \lambda X = 0, \quad X'(0) = X(2\pi) = 0$.

   (d) $X'' + \lambda X = 0, \quad X'(0) = X'(2\pi) = 0$.

   (e) $X'' - \lambda X = 0, \quad X(0) = X(1) = 0$.

   (f) $X'' - \lambda X = 0, \quad X'(0) = X(1) = 0$.

4. 다음 경계값 문제를 생각하자.

$$X'' + \lambda X = 0, \quad X(0) + X'(0) = 0, \quad X(L) = 0.$$

   (a) 주어진 문제의 양의 고유값은 모두 $\lambda = \sigma^2$, ($\sigma = \tan(\sigma L)$형식으로 표현되어야 함을 보여라.

   (b) 0이 주어진 문제의 고유값이 될 수 있는지 아닌지를 판정하라.

5. 다음 열방정식 문제의 해를 구하라.

$$u_t = c^2 u_{xx},\ \ (0 \le x \le \pi,\ 0 < t),$$
$$u(0,t) = u_x(\pi,t) = 0,$$
$$u(x,0) = 3\sin\left(\tfrac{5x}{2}\right).$$

6. 다음 열방정식 문제의 해를 구하라.

$$u_t = u_{xx},\ \ (0 \le x \le 2\pi,\ 0 < t),$$
$$u(0,t) = u_x(2\pi,t) = 0,$$
$$u(x,0) = 2\sin\left(\tfrac{x}{2}\right) + 4\sin(2x).$$

7. 다음 열방정식 문제의 해를 구하라.

$$u_t = u_{xx},\ \ (0 \le x \le 4,\ 0 < t),$$
$$u(0,t) = 0,\ u_x(4,t) = 5,$$
$$u(x,0) = 3x - 2x^2.$$

8. 다음 열방정식 문제의 해를 구하라.

$$u_t = u_{xx},\ \ (0 \le x \le 1,\ 0 < t),$$
$$u(0,t) = u_x(1,t) = 0,$$
$$u(x,0) = x - 2x^2.$$

9. 다음 열방정식 문제의 해를 구하라.

$$u_t - 3u_{xx} = 0, \quad (0 < x < 2\pi, \quad 0 < t),$$
$$u(0,t) = u(2\pi,t) = 0, \quad (0 \le t),$$
$$u(x,0) = \begin{cases} x & \text{if } \ 0 \le x \le \pi, \\ 2\pi - x & \text{if } \ \pi \le x \le 2\pi. \end{cases}$$

10. 다음 파동방정식 문제의 해를 구하라.

$$u_{tt} = u_{xx},\ \ (0 \le x \le 1,\ 0 < t),$$
$$u(x,0) = u_t(x,0) = 0,$$
$$u(0,t) = 0,\ u(1,t) = \sin 3t.$$

11. 다음 파동방정식 문제의 해를 구하라.

$$\begin{aligned}&u_{tt} = c^2 u_{xx},\ (0 \le x \le 1,\ 0 < t),\\&u(0,t) = u(1,t) = 0,\\&u_t(x,0) = 0,\ u(x,0) = x(x-1).\end{aligned}$$

12. 다음 파동방정식 문제의 해를 구하라.

$$\begin{aligned}&u_{tt} = c^2 u_{xx},\ (0 \le x \le 1,\ 0 < t),\\&u(0,t) = u(1,t) = 0,\\&u_t(x,0) = 0,\ u(x,0) = \sin(3\pi x) + 2\sin(5\pi x).\end{aligned}$$

13. 다음 파동방정식 문제의 해를 구하라.

$$\begin{aligned}&u_{tt} = c^2 u_{xx},\ (0 \le x < \infty,\ 0 < t),\\&u(x,0) = u_t(x,0) = 0,\\&u(x,0) = \cos\left(\tfrac{\pi x}{2}\right).\end{aligned}$$

14. 다음 파동방정식 문제의 해를 구하라.

$$\begin{aligned}&u_{tt} - 4u_{xx} = 0, && (0 < x < \pi,\ 0 < t),\\&u_x(0,t) = u_x(\pi,t) = 0, && (0 \le t)\\&u(x,0) = \sin x, \quad u_t(x,0) = \cos^2 x \sin(3x), && (0 \le x \le \pi),\end{aligned}$$

15. 다음 라플라스 방정식 문제의 해를 구하라.

$$\begin{aligned}&u_{xx} + u_{yy} = 0, \quad (0 \le x \le \pi,\ 0 \le y \le 2\pi),\\&u(x,0) = u(x,2\pi) = 0, \quad (0 \le x \le \pi).,\\&u(0,y) = 0, \quad u(\pi,y) = \cos(3y)\sin^2(5y), \quad (0 \le y \le 2\pi).\end{aligned}$$

16. 다음 라플라스 방정식 문제의 해를 구하라.

$$\begin{aligned}&u_{tt} + u_{xx} = 0,\ (0 \le x < 2\pi,\ 0 \le y \le 1),\\&u(x,0) = 0,\ u(x,1) = \sin 2\pi x + \sin^2 3\pi x,\\&u(0,y) = u(0,2\pi) = 0.\end{aligned}$$

17. 다음 라플라스 방정식 문제의 해를 구하라.

$$\begin{aligned}
&u_{tt} + u_{xx} = 0, \ (0 \leq x < 2\pi, \ 0 \leq y \leq 1), \\
&u(x, 0) = 0, \ u(x, 1) = cos^2 \pi x \sin \pi x + \sin^2 3\pi x, \\
&u(0, y) = u(0, 2\pi) = 0.
\end{aligned}$$

18. 다음 라플라스 방정식 문제의 해를 구하라.

$$\begin{aligned}
&u_{tt} + u_{xx} = 0, \ (0 \leq x < L, \ 0 \leq y \leq M), \\
&u(x, 0) = u(x, M) = 0, \\
&u(L.y) = 0, \ u(0, y) = f(y).
\end{aligned}$$

19. 다음 라플라스 방정식 문제의 해를 구하라.

$$\begin{aligned}
&u_{tt} + u_{xx} = 0, \ (0 \leq x < 1, \ 0 \leq y \leq 2), \\
&u(x, 0) = u(x, M) = 0, \\
&u(L.y) = 0, \ u(0, y) = f(y) = \begin{cases} 2 - y & \text{if} \quad 0 \leq y \leq 1, \\ 2 - y & \text{if} \quad 1 \leq y \leq 2. \end{cases}
\end{aligned}$$

제 7 장

스텀-리우빌 이론과 그린 함수

스텀-리우빌 이론(Sturm–Liouville theory)은 2계 선형 미분방정식을 다루는 아주 중요한 이론이다. 이 이론은 프랑스 수학자 자크 샤를 프랑수아 스텀[1]과 조제프 리우빌[2]의 이름을 따라서 만든 것으로서 물리학에 널리 응용된다.

7.1 진동과 분리이론

다음과 같은 2계 선형 미분방정식에 대해서 생각해 보도록 한다.

$$a_2(x)y'' + a_1(x)y' + a_0(x)y = 0. \tag{7.1}$$

이 식에서 a_0, a_1, a_2는 모두 구간 $[a, b]$에서 연속인 함수이며, 특히 $a_2(x) \neq 0$이다. 식 (7.1)의 양변을 $a_2(x)$로 나누어 다음과 같은 표준형 방정식으로 나타내도록 하자.

$$y'' + \frac{a_1(x)}{a_2(x)}y' + \frac{a_0(x)}{a_0(x)}a_2(x)y = y'' + p(x)y' + q(x)y = 0.$$

[1]Jacques Charles François Sturm, 1803년 9월 29일 1855년 12월 15일)은 프랑스의 수학자다. 조제프 리우빌과 함께 스튀름-리우빌 이론을 창시하였다.

[2]조제프 리우빌(Joseph Liouville, 1809년 3월 24일 1882년 9월 8일)은 프랑스 파드칼레주 생토메르(Saint-Omer)에서 태어난 수학자다.

여기서

$$k(x) = e^{\int p(s)ds}$$

로 정의하면, 위의 식은

$$\frac{d}{dx}\left[k(x)y'\right] + k(x)q(x)y = 0$$

또는

$$[k(x)y']' + g(x)y = 0 \tag{7.2}$$

이 된다. 여기서 두 미분연산자 L과 M을 다음과 같이 정의하겠다.

$$\begin{aligned} L(y) &= [k(x)y']' + g(x)y, \\ M(y) &= a_2(x)y'' + a_1(x)y' + a_0(x)y \end{aligned} \tag{7.3}$$

그리고 M의 **수반**(adjoint)은

$$\begin{aligned} \overline{M}(y) &= (a_2y)'' - (a_1y)' + a_0y \\ &= a_2y'' + (2a_2' - a_1)y' + (a_2'' - a_1' + a_0)y \end{aligned}$$

로 정의한다. 그러면

$$vM(u) - u\bar{(M)}(v) = \left[(a_1 - a_2')vu + a_2(vu' - uv')\right]'$$

임을 쉽게 알 수 있다. 이러한 결과를 가리켜서 **라그랑 항등식**(LaGlange's identity)이라 부르며, 이것을

$$vM(u) - u\bar{(M)}(v) = \frac{d}{dx}P(u, v)$$

로 표현한다. 이 식의 양변을 적분함으로써, 다음과 같은 **그린의 공식**(Green's formula)을 얻는다.

$$\int_a^b \left[vM(u) - u\bar{(M)}(v)\right] dx = P(u, v)|_a^b.$$

만약 $\overline{M}(u) = M(u)$이면, 방정식 $M(u) = 0$을 가리켜서 "**자기 수반적** (self-adjoint)이다"라고 말한다. 따라서

$$a_2' = a_1$$

이면 $M(u) = 0$은 자기수반적인 식이 된다. 이러한 경우에 라그랑 항등식은

$$vM(u) - u\overline{M}(v) = [a_2(vcu' - uv')]' = [a_2(x)N(u,v)]'$$

이고

$$M(u) = (a_2u')' + a_0u$$

가 된다. 여기서 분명한 사실은 (7.3)에서 정의된 L도 자기수반적 연산자임을 알 수 있고, 일반적인 모든 선형 미분방정식도 자기수반적인 형식으로 변환될 수 있다.

분리 이론(Separation Theorems)

[정리 7.1](스텀의 분리정리)

1. 구간 $[a, b]$에서 방정식 $M(y) = 0$의 비자명해는 유한개의 근만을 갖는다.

2. 해의 모든 근은 단수 근이다.

3. 만약 $u_1(x)$와 $u_2(x)$가 $M(y) = 0$의 선형독립인 해들이면, $u_1(x)$의 서로 다른 임의의 두 근들 사이에 $u_2(x)$의 오직 한 근이 존재한다.

증명 1. 구간 $[a, b]$안에 무한히 많은 근 $\{z_n\}$이 존재한다고 하고, $x_n \to \hat{x}$인 $\{z_n\}$의 부분수열 $\{x_n\}$을 선택하자. 그러면

$$y(\hat{x}) = \lim_{n\to\infty} y(x_n) = 0$$

이고

$$y'(\hat{x}) = \lim_{n\to\infty} \frac{y(x_n) - y(\hat{x})}{x_n - \hat{x}} = 0$$

이므로, 유일성 정리에 의해서, $y(x) = 0$이다.

2. 이 증명은 아주 간단하므로 생략한다.

3. x_0와 x_1이 $u_1(x)$의 연이은 두 개의 근들이고 $x_0 < x_1$이라 하자. 그러면 $u_2(x_0) \neq 0$이고 $u_2(x_1) \neq 0$이다. 그렇지 않으면, $i = 0, 1$에 대해서, $u_1(x_i)$와 $u_2(x_i)$의 론스키안(Wronskian)이 $W(u_1, u_2)(x_i) = 0$이 되기 때문이다.

여기서 일반성을 잃지 않고 $x \in (x_0, x_1)$에 대해서 $u_1(x) > 0$이고 $u_2(x_0) > 0$이라 하자. 그러면

$$\begin{aligned} W(u_1, u_2)(x_0) &= -u_1'(x_0)u_2(x_0), \\ W(u_1, u_2)(x_1) &= -u_1'(x_1)u_2(x_1) \end{aligned}$$

이다. 그런데 $u_1'(x_0) > 0$이므로, $W(u_1, u_2)(x_0) < 0$이다. 또한 u_1과 u_2의 론스키안의 부호는 서로 바뀔 수 없으므로 $W(u_1, u_2)(x_1) < 0$이다. 그러나 $u_1'(x_1) < 0$이므로 $u_2(x_1) < 0$이 되어야 한다. 이는 $u_2(x)$가 구간 $(x_0,\, x_1)$에서 근을 가져야 한다는 것을 의미한다.

위의 증명에서 u_1과 u_2의 역할을 서로 바꾸어 생각하면, u_2의 서로 다른 연이은 두 근들 사이에 $u_1(x)$의 근이 존재해야만 한다는 것을 쉽게 알 수 있을 것이다. 따라서 u_1과 u_2의 근들은 서로 교차해서 존재한다. ■

대략적으로 말하자면 스텀의 분리이론은 '선형독립인 해들은 같은 수의 근들을 갖는다'는 것을 말하고 있다. 예를 들어 두 미분방정식

$$y'' + y = 0, \qquad y'' + 4y = 0$$

중에서 두 번째 방정식의 해가 첫 번째 방정식의 해보다 훨씬 빠르게 진동한다. 좀더 일반적으로 말해서, 스텀의 비교이론은 각기 다른 방정식의 해들에 대한 진동비율을 설명하고 있는 것이다.

진동이론(Oscillation Theory)

이제 다음과 같은 형식의 2계 선형미분방정식에 대해서 공부하도록 하겠다.

$$L(y) = (ky')' + gy = 0, \quad a < x < b$$

이때 $k \in C^1(a, b),\ g \in C^0[a, b]$이고, 모든 $x \in [a, b]$에 대해 $k(x) > 0$이다.

[정리 7.2] $i = 1, 2$에 대해서, $L_i(y) = (ky')' + g_i y = 0$이고 $g_2 > g_1$이며 (a, b)의 어떠한 부분구간 안에서도 g_2가 g_1과 항등적으로 같지는 않다고 하자. 만약 $L_1(u_1) = 0$이고 $L_2(u_2) = 0$이면, $u_1(x)$의 연이은(consecutive) 임의의 두 근들 사이에는 반드시 $u_2(x)$의 근이 존재한다.

증명 $u_1(x_1) = u_1(x_2) = 0$이고 구간 $(x_1,\, x_2)$에서 $u_2(x) \neq 0$이라 하자. 일반성을 잃지 않고 $(x_1,\, x_2)$에서 $u_1,\, u_2 > 0$이라 하면, 라그랑의 항등성에 의해서

$$u_2L_1(u_1) - u_1L_1(u_2) = \frac{d}{dx}[k(x)(u_2u_1' - u_1u_2')]$$

이고, 또한

$$L_1(u_2) - L_2(u_2) = (g_1 - g_2)u_2$$

이다. 그러므로

$$u_2L_1(u_1) - u_1[L_2(u_2) + (g_1 - g_2)u_2] = [k(x)(u_2u_1' - u_1u_2')]'$$

또는

$$k(x)(u_2u_1' - u_1u_2')\Big|_{x_1}^{x_2} = \int_{x_1}^{x_2}(g_2 - g_1)u_1u_2\,dx > 0$$

이다. 그러나 위식의 좌변은

$$k(x)u_2(x_2)u_1'(x_2) - k(x_1)u_2(x_1)u_1'(x_1) \tag{7.4}$$

이 된다. 그런데 $u_2(x_2) \geq 0,\ u_1'(x_2) < 0$이고 $u_2(x_1) \geq 0,\ u_1'(x_1) > 0$이며 위식은 음이 아니므로 여기서 모순이 발생한다. ■

위 정리에서 $u_2(x_1) = 0$이라고 가정해 보자. 그러면 식 (7.4)는

$$k(x_2) - u_1'(x_2)u_2(x_2)$$

가 된다. 만약 $u_2(x_2) \geq 0$이면, 식 (7.4)≤ 0이므로, 모순이 생긴다. 따라서 정리 7.2는 수정될 수 있다. 구간 $[a,b]$에서 $k > 0$이고 $k \in C^1(a,b)$이며 $g \in C^0[a,b]$일 때, $u_1(a) = u_2(a) = 0$이고, $x_1 \in (a,b)$에 대해서, $u_1(x_1) = 0$이면, $u_2(z) = 0$인 점 $z \in (a,x_1)$가 존재한다. 따라서 폐구간 $[a,b]$에서 $u_2(x)$의 근의 갯수는 최소한 $u_1(x)$의 근의 수만큼 되어야 한다.

정리 7.2의 보다 일반적인 정리는 다음과 같다.

[정리 7.3] 여기서 $p, q \in C^0[a,b]$이고 $z(x)$가 경계값 문제

$$z'' + q(x)z = 0, \quad z(a) = z(b) = 0 \tag{7.5}$$

의 비자명해이며

$$\int_a^b (p-q)z^2 dx \geq 0 \tag{7.6}$$

이라 하자. 그러면 초기값 문제

$$y'' + p(x)y = 0, \quad y(a) = 0 \tag{7.7}$$

의 비자명해 $y(x)$는 구간 $(a,b]$에서 근을 갖는다.

증명 구간 $(a,b]$에서 $g(x) \neq 0$이라 하자. 그러면

$$z(z'' + qz) = 0$$

또는

$$\frac{z^2}{y}(y'' + py) = 0$$

또는

$$zz'' - z^2\frac{y''}{y} = z^2(p-q)$$

또는

$$\frac{z}{y}(yz' - zy')' = z^2(p-q)$$

이다. 그런데

$$\lim_{x\to a}\frac{z(x)}{y(x)} = \lim_{x\to a}\frac{z'(x)}{y'(x)} \tag{7.8}$$

이고 $z', y' \in C^1[a,b]$이며 $z'(a) \neq 0$, $y'(a) \neq 0$이므로 극한 (7.8)은 존재한다. 따라서

$$\int_a^b \frac{z}{y}(yz' - zy')' dx = \int_a^b z^2(p-q)dx \geq 0 \tag{7.9}$$

로 나타내는 것이 타당하다. 이 식 (7.9)를 부분적분법으로 계산하면, $z(a) = z(b) = y(a) = 0$이고 $y(b) \neq 0$이므로

$$\left[\frac{z}{y}(yz' - zy')\right]_a^b - \int_a^b (yz' - zy')\left(\frac{z}{y}\right)' dx = \int_a^b z^2(p-q)dx \geq 0 \quad (7.10)$$

또는

$$-\int_a^b \frac{(yz' - zy')^2}{y^2} \geq 0 \iff \int_a^b \frac{(yz' - zy')^2}{y^2} \leq 0$$

이다. 만약 $y(x) = cz(x)$이면, 위 식의 좌변은 항등적으로 0이므로, 부등식이 성립하는 것은 자명하다. 만약 $y(x) \neq cz(x)$이면, 위 식의 좌변> 0이므로 모순이 생긴다. 그러므로 $(a,b]$에서 $y(x)$가 근을 가져야 한다. ■

위 정리의 증명에서 $p(x) \neq q(x)$이면 식 (7.8)의 양변을 $y(x)$로 나누어 주면, $y(b) = 0$이므로 (7.8)의 경계항이 0이 되어서, 부등식

$$\int_a^b \frac{(yz' - zy')^2}{y^2} dx < 0$$

을 얻게 되는데 이는 모순이다. 이러한 결과들로부터 다음과 같은 일반화된 정리를 얻는다.

[정리 7.4] $i = 1, 2$에 대해서, $k_i \in C^1[a,b]$, $g_i \in [a,b]$이고 $k_i > 0$이라 하자. 만약 $z(x)$가 경계값 문제

$$(k_1 z)' + g_1 z = 0, \quad z(a) = z(b) = 0 \quad (7.11)$$

의 비자명해이고 $y(x)$가 초기조건문제

$$(k_2 y')' + g_2 y = 0, \quad y(a) = 0 \quad (7.12)$$

의 비자명해이며

$$\left[(k_1 - k_2)(z')^2 + (g_2 - g_1)z^2\right] dx \geq 0 \quad (7.13)$$

이면, $y(x)$는 반열린구간 $(a,b]$에서 근을 갖는다. 만약 식 (7.13)이 완전부등식 (>)이면 $y(x)$는 열린구간 (a,b)에서 근을 갖는다.

증명 (7.11)의 첫 번째 식에 z를 곱한 식에서 (7.12)의 첫 번째 식에 (z^2/y)를 곱한 식을 빼주면. **피코인 공식**(Picone formular)

$$\int_a^b \left[(k_1 - k_2)(z')^2 + (g_2 - g_1)z^2\right] dx + \int_a^b k_2 \left(\frac{yz' - zy'}{y}\right)^2 dx$$
$$= \left[\frac{z}{y}(k_1 yz' - k_2 y' z)\right]_a^b$$

을 얻는다. ■

정리 7.3의 직접적인 결과로서 다음 정리를 얻는다.

[정리 7.5](스텀-피코인 정리) 구간 $[a, b]$에서 $g_1 \not\equiv g_2$, $k \not\equiv k_1$, $g_1 \leq g_2$, $0 < k_2 \leq k_1$이고

$$z(a) = z(b) = 0$$

이며

$$\begin{aligned}(k_1 z')' + g_1 z &= 0\\ (k_2 z')' + g_2 y &= 0\end{aligned}$$

라 하자. 그러면 해 $y(x)$는 열린구간 (a, b)안에서 근을 갖는다.

7.2 경계값 문제

이 절에서는 경계 조건

$$\begin{aligned}B_1(y) &= \alpha_{11}y(a) + \alpha_{12}y'(a) + \beta 11y(b) + \beta_{12}y'(b) = \gamma_1,\\ B_2(y) &= \alpha_{21}y(a) + \alpha_{22}y'(a) + \beta 21y(b) + \beta_{22}y'(b) = \gamma_2\end{aligned} \tag{7.14}$$

을 만족하는 2계 선형미분방정식

$$L(y) = a_2 y'' + a_1 y' + a_0 y = f(x), \quad a < x < b \tag{7.15}$$

의 해를 구하는 경계값 문제를 생각하도록 하자. 여기서 $a_0, a_1, a_2 \in C[a, b]$이고 $a_2(x) \neq 0$이며, $i, j = 1, 2$에 대해서, α_{ij}, β_{ij}, γ_i는 모두 상수다. 흔히 조건 (7.14)와 식 (7.15)를 묶어서 **경계값 문제**(boundary value problem)라 일컫는다. 만약 $\beta_{11} = \beta_{12} = 0$이고 $\alpha_{11} = \alpha_{22} = 0$인 경우에는 조건 (7.14)는 서로 분리된 것이다. 만약

$$\alpha_{12} = \beta_{11} = \beta_{12} = \alpha_{21} = \beta_{21} = \beta_{22} = 0$$

이면 조건 (7.14)는

$$y(a) = \frac{\gamma_1}{\alpha_{11}}, \quad y'(a) = \frac{\gamma_2}{\alpha_{21}}$$

로서 초기조건이 된다. 식 (7.14)에서 경계연산자 B_1, B_2는 모두 선형이다. 이제부터 우리는 $\{f(x), \gamma_1, \gamma_2\}$를 **데이터**(data)라 부르기로 한다.

[정리 7.6] 만약 $\{f(x), \gamma_1, \gamma_2\} = \{0, 0, 0\}$를 데이터로 갖는 경계값 문제 (7.14)–(7.15)가 자명한 해만을 갖는다면 데이터 $\{0, \gamma_1, \gamma_2\}$를 갖는 경계값 문제 (7.14)–(7.15)는 유일한 해를 갖는다.

증명 경계값 문제 (7.14)–(7.15)가 유일한 해를 갖는다고 가정하고 $y_1(x)$와 $y_2(x0$가 식 (7.15)의 선형독립인 해들이라고 하자. 만약 $u(x)$가 데이터 $\{0, \gamma_1, \gamma_2\}$를 갖는 선형방정식 $L(y) = 0$의 해라고 하면, $L(y) = 0$의 모든 해는 $y_1(x)$와 $y_2(x)$의 선형결합으로 표현되어야 하므로

$$u(x)\alpha_1 y_1(x) + \alpha_2 y_2(x)$$

인 상수 α_1과 α_2가 유일하게 존재해야 한다. 그러면

$$\begin{cases} \alpha_1 B_1(y_1) + \alpha_2 B_1(y_2) &= \gamma_1, \\ \alpha_1 B_2(y_1) + \alpha_2 B_2(y_2) &= \gamma_2 \end{cases}$$

또는

$$\begin{pmatrix} B_1(y_1) & B_1(y_2) \\ B_2(y_1) & B_2(y_2) \end{pmatrix} \begin{pmatrix} \alpha_1 \\ \alpha_2 \end{pmatrix} = \begin{pmatrix} \gamma_1 \\ \gamma_2 \end{pmatrix} \tag{7.16}$$

이다. 그런데 식 (7.16)을 만족하는 α_1과 α_2는 유일하므로

$$\det \begin{pmatrix} B_1(y_1) & B_1(y_2) \\ B_2(y_1) & B_2(y_2) \end{pmatrix} \neq 0 \tag{7.17}$$

이다. 이제 $w(x)$가 데이터 $\{0, 0, 0\}$을 가진 문제 (7.15)의 해라고 하고

$$w(x) = \xi_1 y_1(x) + \xi_2 y_2(x) \tag{7.18}$$

로 표현하면

$$\begin{pmatrix} B_1(y_1) & B_1(y_2) \\ B_2(y_1) & B_2(y_2) \end{pmatrix} \begin{pmatrix} \xi_1 \\ \xi_2 \end{pmatrix} = \begin{pmatrix} 0 \\ 0 \end{pmatrix}$$

이고 계수행렬이 가역행렬(invertible matrix)이므로 $\xi_1 = \xi_2 = 0$이다.

반대로 데이터 $\{0,0,0\}$을 가진 경계값 문제 (7.14)-(7.15)가 유일한 해만을 갖는다면, 식 (7.18)로부터 관계 (7.17)이 성립해야 하므로, 식 (7.16)은 유일한 해를 갖는다. ■

[정리 7.7] 데이터 $\{0,0,0\}$을 가진 경계값 문제 (7.14)–(7.15)가 자명한 해만을 갖는다면, 경계값 문제

$$\begin{cases} L(y) = f(x), & x \in (a,b), \\ B_1(y) = \gamma_1, & B_2(y) = \gamma_2 \end{cases} \tag{7.19}$$

는 유일한 해를 갖는다.

증명 $u_1(x)$와 $u_2(x)$가 제차 선형방정식 $L(y) = 0$의 선형독립인 해들이라 하고 $y_p(x)$를 비제차 방정식 $L(y(x)) = f(x)$의 한 특수해라 하자. 여기서 주어진 경계값 문제 (7.19)의 해 $y(x)$를

$$y(x) = \alpha_1 u_1(x) + \alpha_2 u_(x) + y_p(x)$$

형식으로 구하도록 하자. 그러면

$$\begin{cases} B_1(y) &=& \alpha_1 B_1(u_1) + \alpha_2 B_1(u_2) + B_1(y_p) &=& \gamma_1, \\ B_2(y) &=& \alpha_1 B_2(u_1) + \alpha_2 B_2(u_2) + B_2(y_p) &=& \gamma_2 \end{cases}$$

또는

$$\begin{pmatrix} B_1(u_1) & B_1(u_2) \\ B_2(u_1) & B_2(u_2) \end{pmatrix} \begin{pmatrix} \alpha_1 \\ \alpha_2 \end{pmatrix} = \begin{pmatrix} \gamma_1 - B_1(y_p) \\ \gamma_2 - B_1(y_p) \end{pmatrix}$$

이다. 그런데 제차방정식 $L(y) = 0$의 해가 유일하므로 계수행렬은 가역이고

$$\begin{pmatrix} \alpha_1 \\ \alpha_2 \end{pmatrix} = \begin{pmatrix} B_1(u_1) & B_1(u_2) \\ B_2(u_1) & B_2(u_2) \end{pmatrix}^{-1} \begin{pmatrix} \gamma_1 - B_1(y_p) \\ \gamma_2 - B_1(y_p) \end{pmatrix}$$

이다. ■

7.3 스텀-리우빌의 경계값문제

2계 선형미분연산자 L이

$$L(y(x)) = \big(k(x)y'(x)\big)' + g(x)y(x)$$

로 표현되면, L을 가리켜서 **자기수반**(self-adjoint) 또는 **스텀-리우빌**(sturm-Liouville)형이라 부른다. 특히, 우리는 $k, k', g, p \in C[a, b]$이고 $k, p > 0$인 경계값 문제

$$\begin{cases} L(y) + \lambda p(x)y = 0, & a < x < b, \\ B_1(y) = 0, \quad B_2(y) = 0 \end{cases} \tag{7.20}$$

에 대해서 관심을 갖기로 한다. 문제 (7.20)에 나타난 경계조건들은

$$\begin{cases} B_1(y) &= \alpha_1 y(a) + \alpha_2 y'(a) &= 0, \\ B_1 2y) &= \beta_1 y(b) + \beta_2 y'(b) &= 0 \end{cases} \tag{7.21}$$

로 주어진다. 흔히 경계값 문제 (7.20)–(7.21)을 가리켜서 **정칙 스텀-리우빌 고유값 문제**(regular Sturm-Liouville eigenvalue problem)라 부른다. 경계값 문제 (7.20)–(7.21)가 비자명해를 갖게 되는 실수 λ의 값들을 가리켜 **고유값**(eigenvalue)이라 한다. 일반적으로

$$L(y) = a_2 y'' + a_1 y' + a_0 y$$

일 때, 경계조건 (7.21)을 만족하는 모든 u, v에 대해서

$$\int_a^b [uL(v) - vL(u)]\, dx = 0$$

이면, 경계값 문제 (7.20)을 가리켜 **자기수반형**(self-adjoint form)이라 한다.

[정리 7.8] 정칙인 스텀-리우빌 경계값 문제

$$\begin{cases} L(u) + \lambda pu = 0, \\ \alpha_1 y(a) + \alpha_2 y'(a) = 0, \\ \beta_1 y(b) + \beta_2 y'(b) = 0 \end{cases} \tag{7.22}$$

는 자기수반형이다.

증명 소위 말하는 그린의 공식은 정적분

$$\int_a^b [vL(u) - uL(v)]dx = k(x)(u'v - v'u)\Big|_a^b \equiv P(u,v)\Big|_a^b \tag{7.23}$$

이다. 만약 u와 v가 점 $x = a$에서 경계조건들을 만족하면

$$\begin{pmatrix} v(a) & v'(a) \\ u(a) & u'(a) \end{pmatrix} \begin{pmatrix} \alpha_1 \\ \alpha_2 \end{pmatrix} = \begin{pmatrix} 0 \\ 0 \end{pmatrix}$$

이다. 그런데 $\alpha_1^2 + \alpha_2^2 \neq 0$이므로

$$u'(a)v(a) - v'(a)u(a) = 0$$

이다. 마찬가지로 u와 v가 점 $x =$ ‘에서 경계조건들을 만족하면

$$u'(b)v(b) - v'(b)u(b) = 0$$

이다. 따라서 $P(u,v)|_a^b = 0$이므로 정리가 증명된다. ■

일반적으로, 위 증명을 통해서, u와 v가 분리된 경계조건들을 만족하면 $P(u,v)|_a^b = 0$임을 알 수 있다. 다음 정리는 서로 다른 "고유값에 대응하는 고유함수들은 가중함수(weight function) $p(x)$에 관해서 서로 직교한다"는 것을 말해준다.

[정리 7.9] (λ, u)와 (μ, v)가 정칙인 스텀-리우빌 경계값 문제

$$\begin{cases} L(u) + \lambda p u = 0, \\ \alpha_1 y(a) + \alpha_2 y'(a) - 0, \\ \beta_1 y(b) + \beta_2 y'(b) = 0 \end{cases}$$

의 고유쌍(eigen-pair)이라 하자. 그러면

$$(\lambda - \mu)\int_a^b p(x)u(x)v(x)dx = 0$$

이다. 즉, u와 v는 가중함수(weight function) $p(x)$에 관해서 서로 직교한다.

증명 그린의 공식 (7.23)에 의해서

$$\begin{aligned}(\lambda-\mu)\int_a^b p(x)uv\,dx &= \int_a^b [uL(v)-vL(u)]dx \\ &= k(x)(u'v-v'u)\big|_a^b = 0\end{aligned}$$

이다. ■

[정리 7.10] 정칙인 스텀-리우빌 경계값 문제 (7.22)의 고유값은 모두 다 실수이다.

증명 만약

$$L(u)+\lambda pu=0$$

이면

$$\overline{L(u)}+\overline{\lambda pu}=L(\overline{u})+\overline{\lambda}p\overline{u}=0$$

이고

$$B_1(\overline{y})=B_2(\overline{y})=0$$

이다. 따라서 $(\overline{\lambda},\overline{u})$는 고유쌍이고

$$(\lambda-\overline{\lambda})\int_a^b pu\overline{u}\,dx=(\lambda-\overline{\lambda})\int_a^b p|u|^2dx=0$$

이다. 그런데 $p>0$이고 $|u|^2\neq 0$이므로(u가 고유함수이므로) $\lambda=\overline{\lambda}$이다. ■

선형연산자 L_λ에 대한 핵공간(null-space)의 차원이 1인 경우, 즉

$$\{y\,:\,L_\lambda(y)=0\}$$

이 1차원 공간인 경우에 우리는 고유값 λ를 가리켜서 **단순 고유값**(simple eigenvalue)이라 한다. L_λ에 대한 핵공간(null-space)이 2차원 이상인 경우에는 **다중 고유값**(multiple eigenvalue)이라 한다.

[정리 7.11] 정칙인 스텀-리우빌 경계값 문제의 고유값은 단순 고유값이다.

증명 함수 u와 v가 같은 고유값 λ에 대응하는 고유함수들이라 하자. 그러면

$$\begin{pmatrix} u(a) & v(a) \\ u'(a) & v'(a) \end{pmatrix} \begin{pmatrix} \alpha_1 \\ \alpha_2 \end{pmatrix} = \begin{pmatrix} 0 \\ 0 \end{pmatrix}$$

이고 u와 v는 모두 방정식

$$L(y) + \lambda p y = 0$$

의 해들이다. 그런데 $\alpha_1^2 + \alpha_2^2 \neq 0$이고 계수행렬의 행렬식 값이 0이 되어야 하므로(즉, 주어진 제차방정식이 비자명해를 가져야 하므로) u와 v는 선형 종속이 되어야 한다. ■

만약 $k(a) = k(b)$이면 분리된 경계조건들 대신에 주기적인 경계조건들

$$y(a) = y(b), \quad y'(a) = y'(b)$$

가 주어지는데, 이러한 경우에는 정리 7.8–7.10은 참이지만 정리 7.11은 참이 아니다.

우리는 이제 주어진 정칙 스텀-리우빌 문제가 고유값을 어떻게 갖는지를 따져 봐야 한다. 다음 예제는 무한가산개의 고유값들을 갖는 경계값 문제들에 관한 것이다.

[예제 7.1] 문제

$$y'' + \lambda y = 0, \quad 0 < x < l$$

의 해를 다음 경계조건들을 만족하도록 구하라.

(a) $y(0) = 0,\ y(l) = 0.$

(b) $y(0) = 0,\ y'(l) = 0.$

(c) $y'(0) = 0,\ y'(l) = 0.$

(d) $y(0) + y'(0) = 0,\ y(l) = 0.$

(e) $y(0) + y(l) = 0,\ y'(0) = y'(l).$

풀이 (a) $y(0) = y(l) = 0$인 경우: 만약 $\lambda = 0$이고 $y(x) = ax + b$가 경계조건을 만족하려면 $a = b = 0$이므로 $y(x) \equiv 0$이다. . 만약 $\lambda < 0$, 즉 $\lambda = -\mu^2 < 0$이면

$$y(x) = a\sinh(\mu x) + c\cosh(\mu x)$$

이다. 그러면 $y(0) = 0$일 필요충분조건은 $b = 0$이고 $y(l) = 0$일 조건은 $a = 0$이므로, $y(x) \equiv 0$이다.

이제 $\lambda = \mu^2 > 0$인 경우를 보자. 그러면 주어진 식을 만족하는 해는

$$y(x) = a\sin(\mu x) + b\cos(\mu x)$$

이고, $y(0) = 0$일 필요충분조건은 $b = 0$이다. 조건 $y(l) = 0$을 만족하기 위한 조건은

$$a\sin\mu l = 0$$

이다. 비자명해 $y(x) = a\sin(\mu x)$을 갖기 위해서는

$$\mu l = n\pi, \quad n = \pm 1, \pm 2, \pm 3, \ldots$$

이다. 따라서 이 문제에 대한 고유값과 고유함수는

$$\lambda_n = (n\pi/l)^2, \quad y_n(x) = \sin(n\pi x/l), \quad n = 1, 2, 3, \ldots$$

이다.

(b) $y(0) = y'(l) = 0$인 경우: (a)의 경우에서와 마찬가지의 논리에 의해 고유값이 양수가 되어야 한다. 따라서 $\lambda = \mu^2 > 0$인 경우에 대해서

$$y(x) = a\sin(\mu x) + b\cos(\mu x)$$

이고, $y(0) = 0$일 필요충분조건은 $b = 0$이다. 조건 $y'(l) = 0$을 만족하기 위한 조건은

$$a\mu\cos\mu l = 0 \quad \Longleftrightarrow \quad \mu l = \left(n + \frac{1}{2}\right)\pi, \quad n = 0, \pm 1, \pm 2, \ldots$$

이므로, 고유값은

$$\lambda_n = \left(n + \frac{1}{2}\right)^2 \left(\frac{\pi}{l}\right)^2, \quad n = 0, \pm 1, \pm 2, \ldots$$

이고 대응하는 고유함수는

$$y_n(x) = \sin\left(n + \frac{1}{2}\right)\frac{\pi x}{l}, \quad n = 0, \pm 1, \pm 2, \dots$$

이다.

(c) $y'(0) = y'(l) = 0$인 경우: $\lambda = 0$이면 $y(x) = ax + b$이고 $y'(0) = y'(l) = 0$이 되기 위한 조건은 $a = 0$이다. 따라서 고유값 $\lambda = 0$에 대응하는 고유함수는 $y(x) = b$(상수함수)이다.

$\lambda < 0$인 경우에 대한 해는 $y(x) = 0$이 되어야 하므로, 이 경우에 해당하는 고유값은 없다.

이제 $\lambda = \mu^2 > 0$이라 하자. 그러면

$$y(x) = a\cos(\mu x) + b\sin(\mu x)$$

이고, $y'(0) = 0$일 필요충분조건은 $b = 0$이다. 따라서

$$y'(l) = -a\mu\sin(\mu l) = 0 \quad \Longleftrightarrow \quad \mu l = n\pi, \quad n = 0, \pm 1, \pm 2, \dots$$

이다. 그러므로 구하는 고유값과 고유함수는

$$\lambda_n = \left(\frac{n\pi}{l}\right)^2, \quad y_n(x) = \sin\left(\frac{n\pi}{l}x\right), \quad n = 0, 1, 2, \dots$$

이다.

(d) $y(0) + y'(0) = y(l) = 0$인 경우: $\lambda = -\mu^2 < 0,\ (\mu > 0)$이면

$$y(x) = ae^{\mu x} + be^{-\mu x}$$

이고, 주어진 경계조건을 대입하면

$$\begin{aligned} y(0) + y'(0) &= (a + b) + \mu(a - b) = 0, \\ y(l) &= ae^{\mu l} + be^{-\mu l} = 0 \end{aligned}$$

이므로

$$b = ae^{2\mu l}, \quad a\left[(1 - e^{2\mu l}) + \mu(1 + e^{2\mu l})\right] = 0$$

이다. 따라서

$$e^{2\mu l} = \frac{1 - \mu}{1 + \mu}$$

인데, 이 등식은 $\mu = 0$일 때만 성립한다. 그러므로 $a = b = 0$이고 $y(x) = 0$이 되어야 하므로 음수가 고유값이 될 수는 없다.

$\lambda = 0$이면 $y(x) = ax + b$이고 주어진 경계조건에 의해서

$$\begin{aligned} y(0) + y'(0) = b + a &= 0, \\ a(l-1) &= 0 \end{aligned}$$

이다. 만약 $l = 1$이면, a는 임의의 상수가 되고, 고유값 $\lambda = 0$에 대응하는 고유함수는 $y(x) = x - 1$이 된다. 만약 $l \neq 1$이면 $a = b = 0$이므로 $\lambda = 0$이 고유값이 될 수 없다.

이제 $\lambda < 0$라 하자. 그러면

$$y(x) = a\cos(\mu x) + b\sin(\mu x)$$

이고, 주어진 경계조건을 만족하려면

$$a + b\mu = 0, \quad a\cos(\mu l) + b\sin(\mu l) = 0 \quad \Longleftrightarrow \quad \tan(\mu l) = \mu$$

가 성립해야 한다. 따라서 다음과 같은 무한히 많은 고유값과 고유함수가 존재한다.

$$\begin{aligned} &\sqrt{\lambda_n} = \tan\sqrt{\lambda_n}l, \\ &y_n(x) = \sin\sqrt{\lambda_n}x - \sqrt{\lambda_n}\cos\sqrt{\lambda_n}x, \quad (n = 0, \pm1, \pm2, \ldots). \end{aligned}$$

(e) $y(0) = y(l)$, $y'(0) = y'(l)$인 경우: $\lambda = -\mu^2 < 0, \quad (\mu > 0)$이면

$$y(x) = a\sinh(\mu x) + b\cosh(\mu x)$$

이고, 주어진 경계조건을 대입하면

$$\begin{aligned} &y(0) = b = y'(l) = a\sinh(\mu l) + b\cosh(\mu l), \\ &y'(0) = a\mu = y'(l) = a\mu\cosh(\mu l) + b\mu\sinh(\mu l) \end{aligned}$$

또는

$$\begin{pmatrix} \sinh(\mu l) & \cosh(\mu l) - 1 \\ \mu(\cosh(\mu l) - 1) & \mu\sinh(\mu l) \end{pmatrix} \begin{pmatrix} a \\ b \end{pmatrix} = \begin{pmatrix} 0 \\ 0 \end{pmatrix}$$

이다. 이 식에서 계수행렬의 행렬식 값이 $2\mu(\cosh(\mu l) - 1) \neq 0$이므로($\mu \neq 0$

이기 때문에) $a = b = 0$이고 $y(x) \equiv 0$이므로, 음수의 고유값 λ는 존재하지 않는다.

만약 $\lambda = \mu^2 > 0$이면

$$y(x) = a\sin(\mu x) + b\cos(\mu x)$$

이고, 주어진 경계조건을 만족하려면

$$\begin{aligned} y(0) - y(l) = 0 &\iff b - (a\sin(\mu l) + b\cos(\mu l)) = 0, \\ y`(0) - y'(l) = 0 &\iff a\mu - (a\mu\cos(\mu l) - b\mu\sin(\mu l)) = 0 \end{aligned}$$

또는

$$\begin{pmatrix} -\sinh(\mu l) & 1 - \cosh(\mu l) \\ \mu(1 - \cosh(\mu l)) & \mu\sinh(\mu l) \end{pmatrix} \begin{pmatrix} a \\ b \end{pmatrix} = \begin{pmatrix} 0 \\ 0 \end{pmatrix}$$

이 되어야 한다. 이로부터 비자명해를 얻기 위한 조건은

$$-\mu\sin^2(\mu l) - \mu(1 - \cos(\mu l))^2 = 0$$

또는

$$\mu = \frac{2n\pi}{l}, \quad n = \pm1, \pm2, \ldots$$

이다. 각 경우에 대해서 a와 b는 임의의 상수가 되므로, 해당하는 고유값과 고유함수는

$$\begin{aligned} \lambda_n &= \tfrac{2n\pi}{l}, \\ y_n(x) &= a_n\sin\left(\tfrac{2n\pi}{l}\right) + a_n\cos\left(\tfrac{2n\pi}{l}x\right), \quad n = \pm1, \pm2, \ldots \end{aligned}$$

이다. ■

7.4 고유값 문제

[정의 7.1] L이 미분연산자이고 $I = [a, b] \subset \mathbb{R}$일 때, 미지의 함수 $y : I \to \mathbb{R}$와 상수 λ에 대해서 식

$$Ly(x) = \lambda y(x) \tag{7.24}$$

를 가리켜서 **고유값 문제**(Eigenvalue problem—EVP)라 한다.

[예제 7.2] $L = -\frac{d^2}{dx^2}$이면, 고유값문제 (7.24)는 $-y'' = \lambda y$를 가리킨다. □

만약 $\lambda \in \mathbb{R}$가 고정된 상수일 때에는 문제 (7.24)에 대한 해를 쉽게 얻을 수 있지만, 우리는 주어진 ODE-문제의 해를 구할 수 있는 모든 λ를 알아야 할 필요가 있다. 먼저, 모든 $\lambda \in \mathbb{R}$에 대해서, $y \equiv 0$이 식 (7.24)의 자명해임을 알자.

[정의 7.2] 주어진 수 $\lambda \in \mathbb{R}$에 대해서. 선형 연산자 L에 대응하는 고유값 문제 (7.24)가 비자명 해 y_λ를 가질 때, λ를 가리켜 L의 **고유값**(eigenvalue)이라 하고 y_λ를 일컬어 λ에 대응하는 **고유함수**(Eigenfunction)라 하며, L의 고유값들의 전체집합을 가리켜 L의 **스펙트럼**(Spectrum)이라 한다.

[예제 7.3] 연산자 L에 대해서 y_λ가 λ에 대응하는 l의 고유함수이면, 임의의 수 $c \in \mathbb{R}$에 대해서, $c \cdot y_\lambda$도 λ에 대응하는 l의 고유함수임을 증명하라.

증명 y_λ가 λ에 대응하는 l의 고유함수라 하자. 그러면 $Ly_\lambda = \lambda y_\lambda$이므로

$$L(cy_\lambda) = c(Ly_\lambda) = c\lambda y_\lambda = \lambda(cy_\lambda)$$

이다. 그러므로 cy_λ도 λ에 대응하는 l의 고유함수다. ■

위 예제의 결과에 의해서, 주어진 연산자 L에 대해서, 상수 λ에 대응하는 고유함수들의 전체집합 V_λ는 벡터공간을 형성한다. 여기서

$$V = \{V_\lambda \mid \lambda\text{는 } L\text{의 고유값}\}$$

으로 놓으면

$$0 \in V \subset C^2(I)$$

임을 알 수 있다.

[예제 7.4] 2계 선형 ODE

$$y'' + P(x)y' + Q(x)y(x) = R(x) \tag{7.25}$$

가 다음 형태로 표현될 수 있음을 보여라.

$$\frac{d}{dx}\left(p(x)\frac{dy}{dx}\right) + q(x)y(x) = r(x). \tag{7.26}$$

(여기서 p, q, r은 P, Q, R로 표현되는 함수다.)

증명 식 (7.25)의 양변에 (나중에 구해야 할) 미지의 함수 $p(x) \neq 0$를 곱하면

$$p(x)y'' + p(x)P(x)y' + p(x)Q(x)y(x) = p(x)R(x) \tag{7.27}$$

이다. 여기서

$$p'(x) = p(x)P(x) \tag{7.28}$$

인 함수 $p(x)$를 택하도록 하자. 그러면 $p(x) = e^{\int P(x)dx}$이다. 이제

$$q(x) = p(x)Q(x) \ \& \ r(x) = p(x)R(x)$$

로 놓고 식 (7.27)에 대입하면 관계식 (7.26)를 얻게 된다. ■

7.5 스텀-리우빌 문제

주어진 유한구간 $(a,b) \subset \mathbb{R}$에 대해서, **스텀-리우빌(S-L) 문제**는 다음과 같이 정의된다.

$$\begin{cases} \frac{d}{dx}\left(p(x)\frac{dy}{dx}\right) + q(x)y + \lambda r(x)y &= 0, \quad (a < x < b); \\ c_1 y(a) + c_2 y'(a) &= 0, \quad (c_1^2 + c_2^2 > 0); \\ d_1 y(b) + d_2 y'(b) &= 0, \quad (d_1^2 + d_2^2 > 0). \end{cases} \tag{7.29}$$

여기서 $y(x)$와 λ는 각각 미지의 함수와 상수이며, 주어진 조건들은 구간 (a,b)의 양 끝점 a와 b에 대응되는 경계조건들이다. 식 (7.29)에 주어진 두 경계조건들의 쌍을 가리켜서 **분리된 경계조건들**이라 한다.

[정의 7.3] 1. 분리된 경계조건들을 가진 S-L 문제 (7.29)가 다음 조건들을 모두 만족하면 **정칙문제**(regular problem)라 한다.

(a) $p, p', q, r : [a,b] \to \mathbb{R}$이 모두 상수함수다.

(b) 모든 $x \in (a,b)$에 대해서 $p(x) > 0$이다.

2. S-L문제 (7.29)에서 구간 (a,b)가 무한 구간이거나 위의 두 경계조건들 중 어느 하나라도 성립하지 않은 경우에는 (7.29)를 가리켜서 **특이문제**(singular problem)라 한다.

3. S-L문제 (7.29)에서 $pa) = p(b)$이고 분리된 경계조건들이

$$y(a) = y(b) \quad \& \quad y'(a) = y'(b)$$

와 같이 주기적이면, (7.29)를 **주기문제**(periodic problem)라 한다. □

[예제 7.5] 다음은 모두 정칙인 S-L문제들이다.

(1)

$$\begin{cases} -y''(x) &= \lambda y(x), \quad (0 < x < a); \\ y(0) = y(a) &= 0. \end{cases}$$

여기서는 $c_1 = d_1 = 1$이고 ㅓ $c_2 = d_2 = 0$이며 $q \equiv 0$이고 $p \equiv r \equiv 1$로 선택한 경우이다.

(2)

$$\begin{cases} -y''(x) &= \lambda y(x), \quad (0 < x < a); \\ y'(0) = y(a) &= 0. \end{cases}$$

여기서는 $c_1 = d_1 = 0$이고 $c_2 = d_2 = 1$이며 $q \equiv 0$이고 $p \equiv r \equiv 1$로 선택한 경우이다.

(3)

$$\begin{cases} -y''(x) &= \lambda y(x), \quad (0 < x < a); \\ y'(0) &= 0; \\ cy(a) + y'(a) &= 0. \end{cases}$$

여기서는 c는 임의의 양의 상수로 택한 경우이다.

(4)

$$\begin{cases} -(x^2 y'(x))' &= \lambda y(x), \quad (0 < x < a); \\ y(1) &= 0; \\ y(a) &= 0. \end{cases}$$

여기서는 $p(x) = x^2$, $q = 0$이고 $r = 1$로 선택한 경우이다. ■

참고 특이한 S-L 문제에서, 함수 $p(x)$가 구간 (a, b)의 한(두) 끝점(들)에서 0의 값을 가지면, 그 끝점(들)에서 경계조건(들)은 생략된다. 그 이유는 $p(x)$의 값이 0이 됨으로 인해서 0의 값이 되는 그 점에서 주어진 방정식은 더 이상 2계가 되지 않기 때문이다. 한 끝점에 대응하는 경계조건을 생략한다는 것은 두 상수를 모두 0으로(예를 들어, $c_1 = c_2 = 0$으로) 택하는 것과 미친가지다.

[예제 7.6] 다음은 모두 특이한 문제들이다.

(1) 각 $n = 1, 2, \ldots$에 대해서, 다음 **베셀-방정식**(Bessel's equation)을 보자.

$$\begin{cases} -(xy'(x))' &= \left(-\frac{n^2}{x} + \lambda x\right) y(x), \quad (0 < x < a), \\ y(a) &= 0. \end{cases}$$

위의 문제는 $p(x) = r(x) = x$와 $q(x) = -\frac{n^2}{x}$인 S-L 문제 (7.29)에 해당한다. 이 방정식은 $p(0) = r(0) = 0$이고 q가 구간 $[0, a]$에서 연속이 아니므로 정칙이 아니다. 여기서 주목할 점은 0에 대응하는 경계조건이 없다는 사실이다.

(2) 경계조건이 없는 **르장드르 방정식**(Legendre equation)

$$-\left[(1-x^2)y'(x)\right]' = \lambda y(x), \quad (x \in (-1, 1))$$

은 특이한 문제다. 이 문제는 $p(x) = 1 - x^2$, $q \equiv 0$, $r \equiv 1$인 S-L 문제 (7.29)에 해당한다. 이 문제 역시 $p(-1) = p(1) = 0$이므로 정칙이 아니다. 여기서 주목할 점은 p가 구간의 양 끝점에서 0의 값을 갖기 때문에 경계조건이 전혀 없다는 것이다. □

[예제 7.7] 다음은 주기적인 S-L문제다.

$$\begin{cases} -y''(x) &= \lambda y(x), \quad (-\pi < x < \pi); \\ y(-\pi) &= y(\pi); \\ y'(-\pi) &= y'(\pi). \end{cases}$$

7.6 스펙트럼 이론(spectral theory)

이 절에서는 정칙인 스텀-리우빌 문제에 대한 스펙트럼 이론을 증명 없이 소개하려고 한다. 여기서 우리는 몇 가지 예들을 통해서 이 이론의 타당성을 설명하겠다.

[정리 7.12] 정칙인 S-L 문제에 대해서 $\lim_{k\to\infty} \lambda_k \to \infty$인 순증가하는 고유값들의 수열

$$0 < \lambda_1 < \lambda_2 < \lambda - 3 < \cdots < \lambda_k < \lambda_{k+1} < \cdots$$

이 존재한다.

[예제 7.8] $W_k = W_{\lambda_k}$를 고유값 λ_k에 대응하는 고유벡터들의 **고유공간**(eigenspace)이라 하면, 정칙인 S-L 문제에 대해서 W_k는 1차원 공간이다.

증명 연습문제로 남겨둔다. ■

[예제 7.9] 다음 경계값 문제의 해를 구하라.

$$\begin{cases} y'' + \lambda y &= 0, \quad (x \in (0,a)); \\ y(0) = y(a) &= 0. \end{cases}$$

풀이 이 문제는 상수계수를 갖는 2계-ODE로서 특성방정식이 $m^2+\lambda=0$의 근이 $m = \pm\sqrt{-\lambda}$이다. 여기서 다음 3 가지로 나누어 생각할 수 있다.

(1) $\lambda = 0$인 경우: 주어진 식은 $y'' = 0$으로서 일반해가 $y = c_1x + c_2$, (c_1, c_2 : 상수)이다. 여기서 경계조건 $y(0) = y(a) = 0$을 대입하면, $a \neq 0$이므로 $c_1 = c_2 = 0$이 된다. 따라서 $\lambda = 0$에 대한 비자명해는 없다.

(2) $\lambda < 0$인 경우: 주어진 방정식의 일반해가

$$y(x) = c_1e^{\sqrt{\omega}x} + c_2e^{-\sqrt{\omega}x}, \quad \omega = -\lambda$$

이다. 여기에 조건 $y(0) = y(a) = 0$을 대입하면, $a \neq 0$이므로, $c_1 = c_2 = 0$이 된다. 따라서 고유값 $\lambda < 0$에 대응하는 비자명해는 없다.

(3) $\lambda > 0$인 경우: 주어진 방정식의 일반해가

$$y(x) = c_1 \cos\left(\sqrt{\lambda}x\right) + c_2 \sin\left(\sqrt{\lambda}x\right)$$

이다. 여기에 조건 $y(0) = 0$을 대입하면 $c_1 = 0$이고 $y(x) = c_2 \sin\left(\sqrt{\lambda}x\right)$이다. 또한 조건 $y(a) = 0$을 대입하면 $c_2\left(\sqrt{\lambda}a\right) = 0$이고 $\lambda > 0$이므로

$$\lambda = (k\pi/a)^2, \quad (k = 1, 2, \ldots)$$

이다. 그러므로, 각 $k = 1, 2, 3, \ldots$에 대해서

$$y_k(x) = \sin\left(\frac{k\pi x}{a}\right), \quad \lambda_k = \left(\frac{k\pi}{a}\right)^2$$

인 해 (y_k, λ_k)가 존재한다. 이때 고유값 λ_k와 고유함수 y_k는 다음과 같은 성질들은 만족한다는 것을 알 수 있다

(i) $0 < y_1 < y_2 < y_3 < \cdot$이고 $\lim_[k \to \infty]\lambda_k = \infty$이다.

(ii) 고유값 $\lambda_k > 0$에 대응하는 고유함수 y_k들은 벡터공간을 형성한다.

$a = \pi$인 경우에는, 각 $k \in \mathbb{N}$에 대해서, $\lambda_k = k^2$이고 $y_k(x) = \sin(kx)$이다. ■

[정리 7.13] 주기적인 S-L 문제에 대해서 $\lim_{k\to\infty} \lambda_k \to \infty$인 순증가 하는 고유값들의 수열

$$0 < \lambda_1 < \lambda_2 < \lambda - 3 < \cdots < \lambda_k < \lambda_{k+1} < \cdots$$

이 존재한다. 더 니이가, 첫 번째 고유값 λ_1에 대응하는 고유공간 $W_1 = W_{\lambda_1}$은 1차원 공간이다. □

[예제 7.10] 다음 경계값 문제의 해를 구하라.

$$\begin{cases} y'' + \lambda y &= 0, \quad (x \in (-\pi, \pi)); \\ y(-\pi) &= y(\pi); \\ y'(-\pi) &= y'(\pi). \end{cases}$$

풀이 이 문제의 특성방정식 $m^2 + \lambda = 0$의 근이 $m = \pm\sqrt{-\lambda}$이다. 여기서 $\lambda = 0$, $\lambda > 0$, $\lambda < 0$인 3 가지 경우로 나누어 생각할 수 있다.

(1) $\lambda = 0$인 경우: 주어진 방정식은 $y'' = 0$으로서 일반해가 $y = c_1 x + c_2$, (c_1, c_2 : 상수)이다. 여기서 조건 $y(-\pi) = y(\pi)$을 대입하면 $c_1 = 0$이 된다. 따라서 $\lambda = c_2$(상수)가 유일한 비자명 해이다.

(2) $\lambda < 0$인 경우: 주어진 방정식의 일반해가

$$y(x) = c_1 e^{\sqrt{\omega}x} + c_2 e^{-\sqrt{\omega}x}, \quad \omega = -\lambda$$

이다. 여기에 경계조건 $y(-\pi) = y(\pi)$를 대입하면 $c_1 = c_2$이다. 이제 조건 $y'(-\pi) = y'(\pi)$을 대입하면 $c_1 = c_2 = 0$이 된다. 따라서 고유값 $\lambda < 0$에 대응하는 비자명해는 없다.

(3) $\lambda > 0$인 경우: 주어진 방정식의 일반해가

$$y(x) = c_1 \cos\left(\sqrt{\lambda}x\right) + c_2 \sin\left(\sqrt{\lambda}x\right)$$

이다. 여기에 경계조건들을 대입하면

$$c_1 \cos\left(-\sqrt{\lambda}\pi\right) + c_2 \sin\left(-\sqrt{\lambda}\pi\right) = c_1 \cos\left(\sqrt{\lambda}\pi\right) + c_2 \sin\left(\sqrt{\lambda}\pi\right)$$

이고

$$-c_1 \sin\left(-\sqrt{\lambda}\pi\right) + c_2 \cos\left(-\sqrt{\lambda}\pi\right) = -c_1 \sin\left(\sqrt{\lambda}\pi\right) + c_2 \cos\left(\sqrt{\lambda}\pi\right)$$

이다. 따라서 $c_2 \sin\left(\sqrt{\lambda}\pi\right) = c_1 \sin\left(\sqrt{\lambda}\pi\right) = 0$이다.

여기서 비자명 해를 가지려면, $\sin\left(\sqrt{\lambda}\pi\right) = 0$이 되어야 하고 $\lambda > 0$이므로, $\lambda = k^2, \quad (k = 1, 2, 3, \ldots)$이다. 그러므로 각 $k = 0, 1, 2 \ldots$에 대해서

$$y_k(x) - \alpha_k \cos(kx) + \beta_k, \quad \lambda_k - k^2$$

인 해 (y_k, λ_k)가 존재한다. ■

7.7 그린 함수

이 절에서 우리는 앞에서 공부한 정칙인 스텀-리우빌 시스템들의 집합족에 대한 **그린 함수**(Green function)의 개념을 소개하려고 한다. 특히, 우리는 주어진 미분방정식이 우변에 추가적인 비제차 항을 갖는 경우의 정칙인 스텀-리우빌의 경계값 문제들의 해를 구하는 데에 관심을 갖는다. 문제를 간단히 하기 위해서 앞에서 소개한 바 있는 **가중함수**(weight function)를 $p(x) \equiv 1$로 놓았을 때의 λ-경계값 문제(BVP$_\lambda$)

$$\begin{aligned} L_\lambda(y) &= (ky')' + g(x)y + \lambda y = 0, \quad (a < x < b) \\ & \quad \big(k \in C^1(a,b), \quad k(x) > 0 \quad \text{for all} \quad x \in [a,b]\big), \end{aligned} \tag{7.30}$$

$$\begin{cases} B_1(y) = \alpha_1 1(a) + \alpha_{12}y'(a) + \beta_{11}y(b) + \beta_{12}y'(b) = 0, \\ B_2(y) = \alpha_2 1(a) + \alpha_{22}y'(a) + \beta_{21}y(b) + \beta_{22}y'(b) = 0 \end{cases} \tag{7.31}$$

에 대해서 생각해 보도록 하자.

[정의 7.4] BVP$_\lambda$에 대한 그린 함수란 다음 3가지 조건들을 만족하는 함수 $G(\cdot, \cdot, \lambda) : [a,b] \times [a,b] \to \mathbb{R}$를 말한다.

1. 함수 G가 다음 3가지 성질을 갖는다.
   - (a) $G(\cdot, \cdot, \lambda)$가 $[a,b] \times [a,b]$에서 연속이다.
   - (b) $\frac{\partial G}{\partial x}(\cdot, \xi, \lambda)$가 $[a,\xi) \times (\xi,b]$에서 연속이다.
   - (c) $\frac{\partial G}{\partial x}(x, \xi, \lambda)\Big|_{x=\xi^-}^{x=\xi^+} \equiv \frac{\partial G}{\partial x}(\xi^+,\xi,\lambda) - \frac{\partial G}{\partial x}(\xi^-,\xi,\lambda) = \frac{1}{k(\xi)}$.
2. 모든 $\xi \in a,b$와 $x \neq \xi$에 대해서 $G(x,\xi,\lambda)$가 식 $L_\lambda(G) = 0$의 해이다.
3. 모든 $\xi \in (a,b)$에 대해서, $B_1(G) = B_2(G) = 0$이다.

[정리 7.14] 만약 λ가 BVP$_\lambda$ (7.30)의 고유값이 아니면, 주어진 문제 (7.30)은 유일한 그린 함수 $G(x,\xi,\lambda)$를 가지며 G는 대칭, 즉 $G(x,\xi,\lambda) = G(x,\lambda,\xi)$이다.

증명 다음 두 가지 특수한 경우들에 대해서만 증명하도록 하겠다.

(I) 분리된 경계조건들이 주어진 경우.

(II) 주기적인 경계조건들이 주어진 경우(분리되지 않은 조건들).

(I) 다음과 같은 분리된 경계조건들이 주어진 경우를 보자.

$$\begin{aligned} B_1(y) &= \alpha_1(a)+\alpha_2 y'(a) &= 0, \\ B_2(y) &= \beta_1(b)+\beta_2 y'(b) &= 0. \end{aligned}$$

여기서, $i=1,2$에 대해서, $L_\lambda(u_u)=0$이고 $B_i(u_i)=0$인 u_i를 택하자. 이러한 선택은 $x=a$와 $x=b$에서 명시된 조건들을 갖는 경계값 문제의 해를 구하면 되므로 언제든지 가능하다. 그러면 해 u_1과 u_2는 선형독립이다. 실제로 $w=c_1u_1+c_2u_2\equiv 0$이라고 해보자. 그러면

$$\begin{aligned} B_1(w) &= c_2B_1(u_2) &= 0, \\ B_2(w) &= c_1B_2(u_1) &= 0 \end{aligned}$$

이다. 만약 $B_1(u_2)=0$이면 u_2는 고유함수지만 λ는 고유값이 아니다. 따라서 $c_2=0$이다. 마찬가지로 $c_=0$이다.

이제

$$G(x,\xi,\lambda)=\begin{cases} Au_1(x), & a\le x\le\xi \\ Bu_2(x), & \xi\le x\le b \end{cases}$$

형식의 함수 $G(x,\xi,\lambda)$를 구해보자. 여기서 u_1과 u_2를

$$Au_1(\xi)=Bu_2(\xi)$$

이고

$$Bu_2'(\xi)-Au_1'(\xi)=\frac{1}{k(\xi)}$$

인 성질을 만족하는 해라 하자. 그러면 크래머의 공식에 의해서

$$\begin{aligned} A &= \tfrac{u_2(\xi)}{k(\xi)W(u_1,u_2)(\xi)}, \\ B &- \tfrac{u_1(\xi)}{k(\xi)W(u_1,u_2)(\xi)} \end{aligned}$$

이므로

$$G(x,\xi,\lambda)=\begin{cases} \frac{u_1(x)u_2(\xi)}{k(\xi)W(u_1,u_2)(\xi)}, & a\le x\le\xi \\ \frac{u_1(\xi)u_2(x)}{k(\xi)W(u_1,u_2)(\xi)}, & \xi\le x\le b \end{cases}$$

이다. 함수 G가 대칭임을 보이면 되는데, 아벨(Abel)의 공식에 의해서

$$W(u_1,u_2)=W(x_0)\exp\left(-\int_{x_0}^{\xi}\frac{k'(x)}{k(x)}dx\right)=W(x_0)\frac{k(x_0)}{k(\xi)}$$

이므로

$$W(u_1, u_2)k(\xi) = W(x_0)k(x_0) = \text{상수}$$

이다.

(II) 이제 경계조건이

$$\begin{cases} B_1(u) &= u(a), \\ B_2(u) &= u'(a) \end{cases}$$

인 특수한 경우를 보자. 이 경우에 우리는 $L_\lambda = 0$의 선형독립인 두 해 u_1과 u_2에 대해서

$$G(x, xi, \lambda) = \begin{cases} 0, & a \le x \le \xi \\ Au_1(x) + Bu_2(\xi), & \xi \le x \end{cases}$$

인 함수 G를 구하면 된다. 이 경우에 연속성과 도약조건(jump condition)에 의해서

$$Au_1(\xi) + Bu_2(\xi) = 0$$

이고

$$Au`_1(\xi) + Bu_2'(\xi) = \frac{1}{k(\xi)}$$

이므로

$$A = \frac{u_2(\xi)}{k(\xi)W(u_1, u_2)(\xi)}, \quad B = \frac{u_1(\xi)}{k(\xi)W(u_1, u_2)(\xi)}$$

이다. 따라서

$$G(x, \xi, \lambda) = \begin{cases} 0, & a \le x \le \xi \\ \frac{u_1(\xi)u_2(\xi) - u_1(x)u_2(\xi)}{k(\xi)W(u_1, u_2)(\xi)}, & \xi \le x \end{cases}$$

이다. 여기서 우리는

$$H(x) = \begin{cases} 1, & x > 0 \\ 0, & x < 0 \end{cases}$$

로 정의되는 Heaviside 함수를 알아두자. 이제 $u_\xi(x)$가 초기값 문제 방정식

$$L_\lambda(u_\xi(x)) = 0;$$
$$u_\xi(\xi) = 0, \quad u_\xi'(\xi) = \frac{1}{k(\xi)}$$

의 해라고 하자. 그러면 이 초기값 문제에 대한 그린 함수는

$$G(x,\xi) = H(x-\xi)u_\lambda(x)$$

가 된다. 이러한 그린 함수를 **인과 기본함수**(causal fundamental function)라 한다. 보다 일반적인 경계조건들에 대해서는 u_1과 u_2가 $L_\lambda(u) = 0$의 선형독립인 해들일 때

$$G(x,\xi) = H(x-\xi) + Au_1(x) + bu_2(x)$$

형식의 그린 함수 $G(x,\xi)$를 구하면 된다. ■

[예제 7.11] 다음 경계값 문제에 대한 그린 함수를 구하라.

$$y''(x) = 0, \quad (0 < x < 1)$$
$$y(0) = 0, \quad y(1) = 0.$$

풀이 이 문제에 대해서는 $L_\lambda = L_0$이고 $\lambda = 0$은 고유값이 아니다. 여기서 $u_1(x) = x$, $u_2(x0 = x - 1$로 택하자. 그러면

$$W(u_1,u_2) = \begin{vmatrix} x & x-1 \\ 1 & 1 \end{vmatrix}$$

이고

$$G(x,\xi,\lambda) = \begin{cases} x(\xi-1), & 0 \le x \le \xi \\ \xi(x-1), & \xi \le x \le 1 \end{cases}$$

이다. ■

[예제 7.12] 다음 경계값 문제에 대한 그린 함수를 구하라.

$$y''(x) + \lambda y = 0, \quad (\lambda > 0, \quad 0 < x < \pi)$$
$$y(0) = 0, \quad y(\pi) = 0.$$

풀이 여기서 $L(y) = y''$이고 $L_\lambda(y) = y'' + \lambda y$로 놓자. 이 문제의 고유값은

$$\lambda_n = n^2, \quad n = 1,2,3,\ldots$$

이다. 만약 $\lambda \neq n$이면 $u_1(x) = \sin\sqrt{\lambda}x$, $u_2(x) = \sin\sqrt{\lambda}(x-\pi)x$로 택하자.

그러면

$$k(0)W(u_1,u_2)(0) = \begin{vmatrix} 0 & -\sin\sqrt{\lambda}\pi \\ \sqrt{\lambda} & \sqrt{\lambda}\cos\sqrt{\lambda}\pi \end{vmatrix} = -\sqrt{\lambda}\sin\sqrt{\lambda}\pi$$

이므로

$$G(x,\xi,\lambda) = \begin{cases} -\frac{\sin\sqrt{\lambda}x\sin\sqrt{\lambda}(\xi-\pi)}{\sqrt{\lambda}\sin\sqrt{\lambda}\pi}, & 0 \le x \le \xi \\ -\frac{\sin\sqrt{\lambda}\xi\sin\sqrt{\lambda}(x-\pi)}{\sqrt{\lambda}\sin\sqrt{\lambda}\pi}, & \xi \le x \le 1 \end{cases}$$

이다. ■

[예제 7.13] 다음 경계값 문제에 대한 그린 함수를 구하라.

$$\begin{cases} u''(x) = 0, & (0 < x < 1) \\ u(0) + u(1) = 0, & u'(0) + u'(1) = 0. \end{cases}$$

풀이 여기서

$$\begin{cases} u''_\xi(x) = 0, & (0 < \xi < x) \\ u_\xi(\xi^+) = 0, & u'_\xi(\xi^+) = 1 \end{cases}$$

인 함수 u에 대해서

$$G(x,\xi) = H(x-\xi)u_\xi(x) + Ax + B \equiv E(x,\xi) + Ax + B$$

인 함수 G를 구하려고 한다. 그러면

$$E(x,\xi) = \begin{cases} 0, & (0 \le x \le \xi) \\ x-\xi, & (x \le \xi \le 1) \end{cases}$$

이고

$$\begin{aligned} B_1(G) &= [E(0,\xi)+B] + [E(1,\xi)+A+B] \\ &= 2B + A + (1+\xi) = 0 \\ B_2(G) &= (0+A) + (1+A) = 2A+1 \end{aligned}$$

이므로

$$A = -\frac{1}{2}, \quad B = -\frac{1}{4} + \frac{\xi}{2}$$

이다. 그러므로

$$G(x,\xi) = \begin{cases} \frac{1}{2}x - \frac{1}{4} + \frac{\xi}{2}, & (0 \le x \le \xi) \\ (x-\xi) - \frac{1}{4} + \frac{\xi}{2} - \frac{x}{2}, & (x < \xi \le 1) \end{cases}$$

또는

$$G(x,\xi) = -\frac{1}{4} + \frac{|x-\xi|}{2}$$

이다. ■

이제 그린 함수를 응용해 보도록 하자. 여기서, 모든 $x \in [a,b]$에 대해서 $k(x) > 0$인 함수 $k \in C^1(a,b)$에 대해서, 다음 비제차 경계값 문제를 보도록 하자.

$$\begin{cases} L_\lambda(y) &= (ky')' + g(x)y + \lambda y = f(x), \quad (a < x < b) \\ B_i(y) &= \alpha_{i1}(a) + \alpha_{i2}y'(a) + \beta_{i1}y(b) + \beta_{i2}(b) = 0, \quad (i = 1, 2). \end{cases}$$

여기서 우리는 아주 특수한 경우에 대해서만 생각하기로 하겠다. 임의로 주어진 함수 u와 v에 대해서 다음과 같은 **라그랑 항등식**(Lagrange identity)을 얻는다.

$$vL_\lambda(u) - uL_\lambda(v) = \frac{d}{dx}P(u,v) \quad \& \quad P(u,v) = k(u'v - uv').$$

따라서

$$\int_a^b [vL_\lambda(u) - uL_\lambda(v)]dx = P(u,v)|_a^b$$

이다. 여기서 $G(x,\xi)$를 재차 BVP$_\lambda$에 대한 그린 함수라 하자. 그러면 라그랑 항등식에 의해서

$$G(x,\xi)L_\lambda(y) - yL_\lambda(G(x,\xi)) - = \frac{d}{dx}[k(Gy' - yG')], \quad x \neq \xi$$

이므로

$$\int_a^{\xi^-} GL_\lambda(y)dx = k(Gy' - G'y)|_a^{\xi^-}$$

이고

$$\int_{\xi^+}^b GL_\lambda(y)dx = k(Gy' - G'y)|_{\xi^+}^b$$

이다. 따라서

$$\int_a^b GL_\lambda(y)dx = k(Gy' - G'y)\Big|_a^b - k(Gy' - G'y)\Big|_{\xi^-}^{\xi^+}$$

이다. 이제 B_1과 B_2가 $B_1(u) = B_2(v) = 0$인 성질을 만족하는 경계조건들이라 하자. 그러면

$$\left[k(Gy' - G'y)\right]_a^b = 0$$

이다. 여기서 우리는 이러한 경계조건들이 정칙인 경계조건들이라고 간주한다. 지금까지 우리는 분리형 경계조건들은 정칙이고 정칙인 경계조건들은 자가수반형(self-adjoint) 경계값 문제라는 사실을 예들을 통해서 배워왔다. 이제 경계조건들이 정칙이고 $B_1(y) = B_2(y) = 0$이라 하자. 그러면

$$\begin{aligned} \textstyle\int_a^b GL_\lambda(y)dx &= -\left[k(Gy' - G'y)\right]_{\xi^-}^{\xi^+} \\ &= k\left[\tfrac{\partial G}{\partial x}(\xi^+, \xi) - \tfrac{\partial G}{\partial x}(\xi^-, \xi)\right] y(\xi) \\ &= y(\xi) \end{aligned}$$

이다. 따라서 $L(y) = f$이면

$$y(x) = \int_a^b G(x, \xi, \lambda) f(\xi) d\xi$$

이다. 즉

$$\int_a^b G(x,\xi) L_\lambda(y) dx = \int_a^b L_\lambda G(x,\xi)(y)(x) = y(\xi)$$

이므로 $L_\lambda G(x,\xi) = \delta(x-\xi)$이다. 다시 말해서 λ가 고유값이 아니면 경계값 문제

$$\begin{aligned} L_\lambda(y) &= f \\ B_1(y) &= B_2(y) = 0 \end{aligned}$$

의 해가

$$y(x) = \int_a^b G(x,\xi) f(\xi) d\xi$$

로 주어진다. 이러한 결과는 분리된 경계조건들에 대해서도 성립한다.

[정리 7.15] 만약 λ가 경계조건이 분리된 형식

$$\begin{cases} B_1(y) &= \alpha y(a) + \beta y'(a), \\ B_2(y) &= \beta y(b) + \beta y'(b) \end{cases}$$

로 주어진 BVP$_\lambda$ (7.30)의 고유값이 아니면, 경계값문제

$$L_\lambda(y) = f,$$
$$B_1(y) = \gamma_1, \quad B_2(y) = \gamma_2$$

의 해는, y_1, y_2가

$$L(y) = 0,$$
$$B_1(y_1) = B_2(y_2) = 0$$

의 비자명 해들일 때, 유일한 해

$$y(x) = \frac{\gamma_2}{B_2(y_1)} y_1(x) + \frac{\gamma_1}{B_1(y_2)} y_2(x) + \int_a^b G(x, \xi) f(\xi) d\xi$$

로 주어진다.

참고 $y_1, y_2 \neq 0$이면 $B_1(y_2) \neq 0$이고 $B_2(y_1) \neq 0$이라는 사실에 주목하라.

증명 $B_1(G) = B_2(G) = 0$이므로

$$B_1(y) = \frac{\gamma_1}{B_1(y_2)} B_1(y_2) = \gamma_1$$

이고, 또한 $B_2(y) = \gamma_2$도 마찬가지로 증명된다. 이제 비제차 미분방정식 $L_\lambda(u(x)) = f(x)$가 성립함을 보이기 위해서, 먼저

$$\begin{aligned} u(x) &= \textstyle\int_a^b G(x, \xi) f(\xi) d\xi \\ &= \textstyle\int_a^x G(x, \xi) f(\xi) d\xi + \int_x^b G(x, \xi) f(\xi) d\xi \end{aligned}$$

임을 알자. 그러면

$$\begin{aligned} u'(x) &= \textstyle\int_a^{x^-} \frac{\partial G}{\partial x} f(\xi) d\xi + G(x, x^-) f(x^-) + \int_{x^+}^b \frac{\partial G}{\partial x} f(\xi) d\xi - G(x, x^+) f(x^+) \\ &= \textstyle\int_a^x G_x(x, \xi) f(\xi) d\xi + \int_x^b G_x(x, \xi) f(\xi) d\xi \end{aligned}$$

이다. 이것을 다시 미분하면

$$\begin{aligned} u''(x) &= \int_a^x G_{xx}(x,\xi)f(\xi)d\xi + G_x(x,x^-)f(x^-) \\ &\quad + \int_{x^+}^b G_{xx}(x,\xi)f(\xi)d\xi - G_x(x,x^+)f(x^+) \end{aligned}$$

이다. 여기서

$$\begin{aligned} \frac{\partial G}{\partial x}(x,x^-) &= \frac{\partial G}{\partial x}(x^+,x) \\ \frac{\partial G}{\partial x}(x,x^+) &= \frac{\partial G}{\partial x}(x^-,x) \end{aligned} \tag{7.32}$$

임을 주목하자. 위의 식 (7.32)에서 첫 번째 식이 성립함을 보이기 위하여

$$\begin{aligned} \frac{\partial G}{\partial x}(x,x^-) &= \lim_{\epsilon\to 0^+} \frac{\partial G}{\partial x}(x,x-\epsilon) \\ &= \lim_{\epsilon\to 0^+}\lim_{h\to 0} \frac{G(x+h,x-\epsilon)-G(x,x-\epsilon)}{h} \end{aligned}$$

임을 알자. 여기서 보면 대각선 $x=\xi$와 서로소인 열린영역 $x>\xi$에서 오직 한쪽 방향의 편도함수들만 존재하기 때문에 위의 편도함수는 존재한다. 또한 $x>\xi$일 때 G가 매끄러운 함수이므로 극한의 순서를 서로 교환할 수 있기 때문에

$$\begin{aligned} \frac{\partial G}{\partial x}(x,x^-) &= \lim_{\epsilon\to 0^+}\lim_{h\to 0^+} \frac{G(x+h,x-\epsilon)-G(x,x-\epsilon)}{h} \\ &= \lim_{h\to 0^+}\lim_{\epsilon\to 0^+} \frac{G(x+h,x-\epsilon)-G(x,x-\epsilon)}{h} \\ &= \lim_{h\to 0^+} \frac{G(x+h,x)-G(x,x)}{h} \\ &= \frac{\partial G}{\partial x}(x^+,x) \end{aligned}$$

이다. 같은 방법으로 (7.32)의 두 번째 식이 성립함을 증명할 수 있다. 따라서

$$\begin{aligned} u''(x) &= \int_a^b G_{xx}(x,\xi)f(\xi)d\xi + [G_x(x^+,x)-G_x(x^-,x)]f(x^-) \\ &= \int_a^b G_{xx}(x,\xi)f(\xi)d\xi + \frac{f(x)}{k(x)} \end{aligned}$$

이다. 결론적으로 $L_\lambda(G)=0$이기 때문에

$$\begin{aligned} L_\lambda(u) &= ku''+k'u'+gu+\lambda u \\ &= \int_a^b [k(x)G_{xx}(x,\xi)+k'(x)G_x(x,\xi)+g(x)G(x,\xi) \\ &\quad +\lambda G(x,\xi)]\, f(\xi)d\xi + \frac{k(x)f(x)}{k(x)} \\ &= \int_a^b L_\lambda G(x,\xi)y(\xi)d\xi + f(x) \\ &= f(x) \end{aligned}$$

이다. ■

앞에서 이미 우리는 비제차 경계값 문제

$$\begin{cases} L(y) = f \\ B_1(y) = \gamma_1, \quad B_2(y) = \gamma_2 \end{cases}$$

가 데이터 $(0, 0, 0)$을 가진 경계값 문제 $L(y) = 0$가 자명한 해만을 갖게 되었을 때 유일한 해를 갖게 된다는 사실을 배웠다. 그리고 정리 7.15에 의해서 $\lambda = 0$이 BVP_λ의 고유값이 아니면 비제차 경계값 문제에 대한 유일한 해를 구할 수 있음을 알게 되었다.

정리 7.15는 다음과 같은 동치형식으로 요약될 수 있다.

> 임의의 함수 f에 대해서 BVP
>
> $$\begin{aligned} &L_\lambda(u) = f, \\ &B_1(u) = \gamma_1, \quad B_2(u) = \gamma_2 \end{aligned}$$
>
> 가 유일한 해를 갖거나 아니면 대응하는 재차방정식 $L_\lambda(u) = 0$가 비자명해를 갖는다.

이와 같은 내용은 λ가 고유값이면 비제차 BVP가 해를 가질 수 없다는 것을 의미하지는 않는다. 다음은 선형대수학으로 부터 얻어진 정리다.

[정리 7.16] A가 $n \times n$-행렬일 때, 방정식 $Ax = b$가 유일한 해를 갖기 위한 필요충분한 조건은 $Ax = 0$이 자명한 해만을 갖는 것이다. □

다른 한편으로 다음 정리는 해의 존재성 여부를 판단하는 중요한 기준이 된다.

[정리 7.17](프레드홈 교대정리, Fredholm altaniive)
방정식 $Ax = b$가 해를 갖기 위한 필요충분한 조건은 $A^*v = 0$을 만족하는 모든 벡터 v에 대해서 $< b, v >= 0$이 성립하는 것이다. □

이제 $A = A^T$라 하고 $M = A - \lambda I$로 놓자. 그러면, $N(M^T)$를 M^T의 핵공간(null space)이라 했을 때, $M_y(\lambda) = f$가 해를 갖기 위한 필요충분조건은 $f \perp N(M^T)$이다. 그런데 $M^T = M$이고

$$N(M) = \{v \ : \ Av = \lambda v\}$$

이므로 $(A - \lambda I)y = f$가 해를 갖기 위한 필요충분조건은 $Av = \lambda v$인 v에 대해서 $y \perp v$인 것이다. 즉, λ가 A의 고유값이면 $(A - \lambda I)y = f$가 해를 가질 필요충분조건은 f가 λ에 대응하는 고유공간(eigenspace)에 수직이 되는 것이다.

미분연산자 L_λ에 대해서도 유사한 결과를 얻는다. 여기서는 다시 분리된 경계조건들만으로 한정해서 다루도록 하겠다.

[정리 7.18] (μ, v)를 BVP

$$\begin{cases} L_[\lambda](y) = 0, \\ B_1(y) = B_2(y) = 0 \end{cases}$$

의 고유쌍이라 하자. 그러면 비제차 BVP

$$\begin{cases} L_[\lambda](y) = f, \\ B_1(y) = B_2(y) = 0 \end{cases}$$

가 해를 가질 필요충분조건은 $\int_a^b f(x)v(x)dx = 0$이 되는 것이다.

증명 함수 u가 주어진 비제차 방정식의 해라 하자. 그러면 u와 v가 재차 경계조건들을 만족하므로

$$P(u, v) = k(uv' - u'v)\Big|_a^b = 0$$

이다. 그러면 그린의 공식 (7.23)에 의해서

$$\int_a^b v(x)f(x)\,dx = \int_a^b [0 - v(x)f(x)]dx = \int_a^b [uL_\lambda(v) - vL_\lambda(u)]dx = 0$$

이다. 이제 $\int_a^b v(x)f(x)dx = 0$이라고 가정하고 초기조건

$$u(a) = v(a), \quad u'(a) = v'(a)$$

를 가진 초기값 문제 $L_\lambda(u) = f$의 해 u를 택하자. 그러면 $B_1(v) = 0$이므로 $B_1(u) = 0$이다. 이제 우리는

$$B_2(u) = 0 = \beta_1 u(b) + \beta_2 u'(b)$$

임을 보여야 한다. 그런데 그린의 공식 (7.23)에 의해서

$$\int_a^b v(x)f(x)\,dx = \int_a^b [uL_\lambda(v) - vL_\lambda(u)]dx = k[uv' - vu']\Big|_a^b$$

이다. 또한 $B_1(u) = 0$이므로

$$0 = \int_a^b v(x)f(x)dx = k(b)[u(b)v'(b) - v(b)u'(b)]$$

이다. 그런데 $\beta_1^2 + \beta_2^2 \neq 0$이므로, 일반성을 잃지 않고, $\beta_1 \neq 0$이라고 가정하겠다. 만약 $\beta_2 = 0$이면, $\beta_1 v(b) = 0$이므로 $v(b) = 0$이므로, $u(b) = 0$이고 $B_2(u) = 0$이다. 만약 $\beta_2 \neq 0$이면 $(\beta_1/\beta_2)v(b) = v'(b)$이다. 그런데 v가 $L_\lambda(y) = 0$의 비자명해이므로 $v(b) \neq 0$이고 $v'(b) \neq 0$이다. 따라서

$$u(b) = \frac{v(b)}{v'(b)}u'(b)$$

이고

$$\begin{aligned}\beta_1 u(b) + \beta_2 u'(b) &= \beta_1 \tfrac{v(b)}{v'(b)} u'(b) + \beta_2 u'(b) \\ &= u'(b)\left(\beta_1 \tfrac{v(b)}{v'(b)} + \beta_2\right) = 0\end{aligned}$$

이므로 $B_2(u) = 0$이 된다. 그러므로 $u(x)$는 주어진 비제차 경계값 문제의 해가 된다. ■

7.8 연습문제

1. 다음 문제를 보자.

$$k_0 y'' + g(x)y = 0, \quad (k_0 > 0, \quad 0 < g_1 < g(x) < g_2).$$

만약 z_1과 z_2가 이 식의 연이은 해들이면, 다음 부등식이 성립함을 보여라.

$$\pi\sqrt{\frac{k_0}{g_2}} \leq (z_2 - z_1) \leq \pi\sqrt{\frac{k_0}{g_1}}.$$

2. 함수 $y(x)$가 방정식

$$y'' + a(x)y = 0$$

의 해라고 할 때, 다음을 증명하라.

(a) 모든 $x \in [x_0, \infty]$에 대해서 $0 < m \leq a(x)$이면 $y(x)$는 무한히 많은 근을 갖지만, 모든 $x \in [x_0, \infty]$에 대해서 $a(x) < 00$인 경우에는 $y(x)$는 많아야 한 개의 근만을 갖는다.

(b) 만약

$$\lim_{x\to\infty} a(x) = a_0 > 0$$

이면, 근들이 ∞로 발산할 때 연속하는 근들 사이의 거리가 $\pi/\sqrt{a_0}$로 수렴한다.

3. 다음 조건들을 가진 방정식 $u'' + \lambda u = 0$의 고유값과 고유함수들을 구하라.

(a) $u(a) = u(1) = 0.$

(b) $u'(0) = u'(1) = 0.$

(c) $u(0) = u(1) - u'(1) = 0.$

4. 다음 경계값 문제에 대한 그린함수를 구하라.

$$y'' - \gamma^2 y = 0, \quad y'(0) = y(1) = 0, \quad (\gamma > 0).$$

5. 경계값 문제

$$-\frac{d^2y}{dx^2} = f(x), \quad (0 \le x \le 1),$$
$$y'(0) = y_0, \quad y'(1) = y_1$$

의 해를 그린함수를 이용해서 구하라.

6. 다음 문제에 대한 고유값과 교유함수들을 구하고 그린함수를 만들어라.

$$\frac{d}{dx}\left(x\frac{dy}{dx}\right) + \frac{\lambda}{x}y = 0, \quad (1 < x < e),$$
$$u(1) = u(e) = 0.$$

7. 다음 문항 (a)–(c)에 답하여라.

(a) 경계값 문제

$$\frac{d}{dx}\left((1+x)^2\frac{du}{dx}\right) + \lambda u = 0, \quad (1 < x < 1),$$
$$u(0) = u(1) = 0.$$

의 고유값과 고유함수가

$$\lambda_n = \left(\frac{n\pi}{\ln 2}\right)^2 + \frac{1}{4}, \quad (n = 1, 2, 3, \ldots),$$
$$u_n(x) = \frac{\sin[n\pi \ln(1+x)]}{\sqrt{1+x}}$$

임을 증명하라.

(b) 문제 (a)에 대한 그린함수를 구하라.

(c) 만약

$$f(x) = \frac{1}{\sqrt{1+x}}, \quad \lambda = \left(\frac{\pi}{\ln 2}\right)^2 + \frac{1}{4}$$

이면 경계값 문제

$$L(u) + \lambda u = f(x), \quad u(0) = u(1) = 0$$

이 해를 갖는지 여부를 판정하라. 해를 갖는다면 그 해가 유일한 해인지 여부도 판정하라.

제 8 장

스텀-리우빌의 특이문제

스텀-리우빌의 특이문제는 일반적으로 연속적인 스펙트럼을 갖는다. 그러나 예제 7.6에서 소개했던 베셀 방정식과 르장드르 방정식은 정칙인 스텀-리우빌문제와 마찬가지로 이산적인 스펙트럼을 갖는다.

8.1 르장드르의 고유값 문제

다음 르장드르[1] 방정식은

$$\frac{d}{dx}\left((1-x^2)\frac{dy}{dx}\right)+\lambda y=0, \quad (x\in[-1,1]) \tag{8.1}$$

또는

$$(1-x^2)y''-2xy'+\lambda y=0, \quad (x\in[-1,1]) \tag{8.2}$$

로 주어진다. 그리고 함수 $p(x)=1-x^2$은 구간 $[-1,1]$의 양 끝점 $x=\pm 1$에서 0의 값을 갖는다.

---

[1] 르장드르(Adrien-Marie Legendre, 1752.9.18 – 1833.1.10)는 프랑스의 수학자이다. 정역학, 수론, 추상대수학 해석학 분야에서 중요한 공헌을 했다.

[정의 8.1] 방정식

$$y''(x) + P(x)y'(x) + Q(x)y(x) = R(x) \tag{8.3}$$

에서, 함수 $P(x)$ 또는 $Q(x)$가 점 x_0에서 해석적(analytic)이 아닐 때, 점 x_0를 가리켜서 식 (8.2)의 **특이점**(singular point)이라 한다. 그리고 $(x - x_0)P(x)$와 $(x - x_0)^2Q(x)$가 모두 x_0에서 해석적일 때 특이점 x_0를 가리켜서 **정칙특이점**(regular singular point)이라 한다.

르장드르 방정식에서 점 $x = \pm 1$은 정칙특이점들이다. 계수 $P(x) = \frac{-2x}{1-x^2}$과 $R(x) = \frac{\lambda}{1-x^2}$은 $x = 0$에서 해석적이다. 여기서 $y(x) = \sum_{k=0}^{\infty} a_k x^k$ 형식의 멱급수 해를 구해 보도록 하자. 이 급수를 두 번 미분한 다음 르장드르 방정식 (8.2)에 대입하면

$$a_2 = -\frac{\lambda a_0}{2},\ a_3 = \frac{(2-\lambda)a_1}{6},\ a_{k+2} = \frac{[k(k+1) - \lambda]a_k}{(k+2)k+1},\ (k \geq 2) \tag{8.4}$$

이다. 따라서 a_0와 a_1은 임의의 상수로 택하면 나머지 상수들은 위 관계식에 의해서 반복적으로 얻어진다. 예를 들면, $a_1 = 0$로 택하면

$$y_1 = a_0 + \sum_{k=1}^{\infty} a_{2k} x^{2k} \tag{8.5}$$

이고, 만약 $a_0 = 0$으로 택하면

$$y_2 = a_1 + \sum_{k=1}^{\infty} a_{2k+1} x^{2k+1} \tag{8.6}$$

이다. 만약 이 급수들이 수렴한다면, y_1과 y_2는 비자명 해가 된다. 만약 점화식 (8.4)의 어느 단계에서 0이 되면 그 뒤의 나머지 항들이 모두 0이 된다. 따라서 y_2의 급수전개 (8.5)가 수렴할 수 있는 가능성은 다음 두 가지 경우이다:

1. 어느 단계의 항부터 모든 항의 계수가 0이 되어 (8.5)가 유한 다항식으로 전개된다.

2. 무한급수이지만 수렴한다.

만약 전개된 급수가 수렴하지 않는 경우, 예를 들어 y_1의 급수전개가 수렴하지 않는 경우를 생각해 보자. 그러면 모든 k에 대해서 $a_{2k} \neq 0$이다. 따라서

$$\lim_{k\to\infty}\left|\frac{a_{2(k+1)}x^{2(k+1)}}{a_{2k}x^{2k}}\right| = \lim_{k\to\infty}\left|\frac{2k(2k+1)x^2}{(2k+2)(2k+1)}\right| = \lim_{k\to\infty}\left|\frac{2kx^2}{2k+2}\right| = x^2$$

이고, λ를 포함한 항이 0으로 수렴한다. 그러므로, 비율판정에 의해서, y_1은 $|x| < 1$인 구간에서 수렴하고 $|x| > 1$인 구간에서 발산한다. 또한 $x = \pm 1$일 때, y_1이 발산함을 알 수 있다.

이제 스텀-리우빌의 특이문제인 르장드르 방정식 대해서 y와 도함수 y'이 모두 구간 $[-1, 1]$에서 연속인 해 y를 구하려고 한다. 이러한 해는 유한 항으로 전개되는 다항함수가 되어야 한다. 여기서

$$a_{k+2} = \frac{[(k(k+1) - \lambda]a_k}{(k+2)(k+1)}, \quad (k = 2, 3, \ldots)$$

임에 주목하자. 따라서, $n = 2, 3 \ldots$에 대해서, $\lambda = n(n+1)$이면 $a_{n+2} = 0$이고 이후 나머지 항들이 모두 0이 된다. 만약 $\lambda = 1(1+1) = 2$이면 $a_3 = 0$이다. 또한, $\lambda = 0(0+1) = 0$이면 $a_2 = 0$이다. 따라서 $n = 0, 1, 2 \ldots$에 대해서 $\lambda_n = n(n+1)$이고 y_1과 y_2 중의 어느 하나는 다항함수가 된다.

그러므로 $n = 0, 1, 2 \ldots$에 대해서 고유값 $\lambda_n = n(n+1)$을 갖고 n차 르장드르 다항함수는 르장드르 방정식의 해가 된다.

8.2 베셀 연산자의 고유값 문제

정수 $n = 0, 1, 2 \ldots$에 대해서 다음 고유값 문제 문제를 보자.

$$\begin{cases} -(-xy'(x))' = \left(-\frac{n^2}{x} + \lambda x\right) y(x), & x \in (0, a), \\ y(a) = 0. \end{cases} \tag{8.7}$$

이 문제는 $[0, a]$에서 y와 y'이 연속인 해 $y(x)$를 구하는 스텀-리우빌의 특이 문제에 해당한다. 여기서 모든 고유값은 실수라고 가정한다. 그러면 $\lambda = 0$이거나 $\lambda > 0$ 또는 $\lambda < 0$이다.

(1) 만약 $\lambda = 0$이면, 문제 (8.7)은 코쉬-오일러형식의 ODE

$$-\left(xy'(x)\right)' + \frac{n^2}{x}y(x) = 0 \tag{8.8}$$

또는

$$x^2y''(x) + xy'(x) - n^2y(x) = 0 \tag{8.9}$$

으로 변환된다. 여기서 $x = e^s$ 또는 $s = \ln x$로 치환하면, 변수계수를 갖는 식 (8.9)는 상수계수를 갖는 ODE로 변환될 수 있다. 실제로

$$y' = \frac{dy}{dx} = \frac{dy}{ds}\frac{ds}{dx} = e^{-s}\frac{dy}{ds}$$

이고

$$y'' = e^{-s}\frac{dy'}{dx} = e^{-s}\frac{d}{ds}\left(e^{-s}\frac{dy}{ds}\right) = e^{-2s}\left(\frac{d^2y}{ds^2} - \frac{dy}{ds}\right)$$

이므로, 식 (8.9)은

$$y''(s) - n^2y(s) = 0 \tag{8.10}$$

으로 변환된다. 이 식에서는 y가 새로운 변수 s의 함수가 된다. 여기서 $n = 0$일 때 (8.10)의 일반해는

$$y(s) = c_1s + c_2, \quad (c_1, c_2 : \text{ 상수})$$

이므로 (8.7)의 일반해가

$$y(x) = c_1\ln x + c_2, \quad (c_1, c_2 : \text{ 상수})$$

가 된다. 그런데 $y(x)$와 $y'(x)$가 구간 $[0, a]$에서 연속이 되어야 하므로 $c_1 = 0$이고 $y(x) = c_2$이다. 또한 $y(a) = 0$이 되어야 하므로 $c_2 = 0$이다. 그러므로 $n = 0$인 경우에 대한 문제 (8.7)의 해는 자명한 해 $y \equiv 0$뿐이다.

이제 n이 양의 정수라 하자. 그러면 (8.10)의 일반해가

$$y(s) = c_1e^{ns} + c_2e^{-ns}, \quad (c_1, c_2 : \text{ 상수})$$

이므로 (8.7)의 해가

$$y(x) = c_1x^n + c_2x^{-n}, \quad (c_1, c_2 : \text{ 상수})$$

으로 주어진다. 그런데 $y(x)$와 $y'(x)$가 구간 $[0, a]$에서 연속이므로 $c_2 = 0$이고 $y(x) = c_1 x^n$이다. 이제 경제조건 $y(a) = 0$을 대입하면 자명한 해 $y \equiv 0$을 얻게 된다. 그러므로 $n = 0, 1, 2, \ldots$에 대해서 $\lambda = 0$은 고유값이 될 수 없다.

(2) $\lambda > 0$인 경우에는 주어진 식 (8.7)이

$$x^2 y''(x) + xy'(x) + (\lambda x^2 - n^2)y(x) = 0 \tag{8.11}$$

이 된다. 여기서 변수변환 $s = \sqrt{\lambda}x$를 이용하면

$$y'(x) = \sqrt{\lambda}y'(s), \quad y''(x) = \lambda y''(s)$$

를 얻는다. 따라서 식 (8.11)가 베셀 방정식

$$s^2 y''(xs + sy'(s) + (s^2 - n^2)y(s) = 0 \tag{8.12}$$

로 변환된다. 그런데 베셀(Bessel) 방정식에 관한 일반해가

$$y(s) = \alpha J_n(s) + \beta Y_n(s), \quad (\alpha, \beta : \quad \text{상수}) \tag{8.13}$$

로 주어지는데, 여기서 J_n과 Y_n은 각각 제 1과 제 2의 베셀 함수[2]를 가리킨다. 그러므로 식 (8.11)의 일반해가 식

$$y(x) = \alpha J_n\left(\sqrt{\lambda}x\right) + \beta Y_n\left(\sqrt{\lambda}x\right)$$

로 주어진다. 그런데 $[0, a]$에서 $y(x)$와 $y'(x)$가 연속이 되어야 하고 $Y_n\left(\sqrt{\lambda}x\right)$가 $x = 0$에서 불연속이므로, $\beta = 0$이 되어야 한다. 따라서 $y(x) = \alpha J_n\left(\sqrt{\lambda}x\right)$이다. 마지막으로 경계조건 $y(a) = 0$을 고려하면 $J_n\left(\sqrt{\lambda}a\right) = 0$이 되어야 한다.

---

[2]수학에서, 베셀 함수(Bessel function)는 헬름홀츠 방정식을 원통좌표계에서 변수를 분리할 때 등장하는 특수 함수다. 물리학에서 맥스웰 방정식이나 열 방정식, 슈뢰딩거 방정식 등 다양한 문제를 풀 때 쓰인다.

[정리 8.1] 각 $n = 0, 1, 2 \ldots$에 대해서, 제 1의 베셀함수 J_n은 무한히 많은 양수 근을 갖는다.

각 $n = 0, 1, 2 \ldots$과 $m = 1, 2, \ldots$에 대해서, z_{nm}을 베셀 함수 J_n의 m-번째 근이라 하자. 그러면 $\sqrt{\lambda}a = z_{nm}$이므로, $\lambda_{nm} = z_{nm}^2/a^2$이고 대응하는 고유함수들은 $y_{nm}(x) = J_n(z_{nm}x/a)$로 주어진다.

만약 $\lambda < 0$이면 문제 (8.7)의 고유값은 존재하지 않는다. 여기에 대한 증명은 이 책의 범위를 넘어서므로 생략하겠다.

8.3 고유함수들의 직교성

정칙인 스텀-리우빌 문제에 대한 미분연산자는

$$L = -\frac{1}{r(x)}\frac{d}{dx}\left(p(x)\frac{d}{dx}\right) - \frac{q(x)}{r(x)} \tag{8.14}$$

로 나타낼 수 있다. 여기서 V를 S-L 문제 (7.29)에 대한 해들의 전체집합이라 하자. 그러면 $0 \in V \subset C^2(a, b)$이고 V는 벡터공간이 된다. 여기서 V에서의 내적 $\langle \cdot, \cdot \rangle : V \times V \to \mathbb{R}$을 다음과 같이 정의하자.

$$\langle f, g \rangle = \int_a^b r(x)f(x)g(x)dx. \tag{8.15}$$

[정의 8.2] 여기서 $f, g \in V$라 하자.

(1) 만약 $\langle f, g \rangle = 0$이면, f와 g는 서로 '수직이다' 또는 '직교(orthogonal)한다'고 말한다.

(2) 함수 f의 노름(norm)이 1일 때, 즉 $||f|| = \langle f, f \rangle = 1$일 때 f는 단위길이(unit length)를 갖는다고 말한다.

[정리 8.2] V에서 정의된 내적 $\langle \cdot, \cdot \rangle$에 관해서, 스텀-리우빌 문제 (7.29)에 대한 서로 다른 고유값들에 대응하는 고유함수들은 서로 직교한다.

증명 y_i과 y_j를 서로 다른 고유값 λ_i과 λ_j에 대응하는 고유함수들이라 하자. 여기서 $\langle y_i, y_j\rangle = 0$임을 보이면 된다. 그런데 L이 스텀-리우빌 연산자이므로 $k = i, j$에 대해서 $Ly_k = \lambda_k y_k$이다. 따라서

$$\begin{aligned}
\lambda_i\langle y_i, y_j\rangle &= \langle \lambda_i y_i, y_j\rangle = \langle Ly_i, y_j\rangle = \int_a^b r(x)\,(Ly_i(x))\,y_j(x)dx \\
&= -\int_a^b \frac{d}{dx}\left(p(x)\frac{dy_i(x)}{dx}\right)y_j(x) - \int_a^b q(x)y_i(x)y_j(x)dx \\
&= \int_a^b p(x)\frac{dy_i(x)}{dx}\frac{dy_j(x)}{dx}dx - [p(b)y_i'(b)y_j(b) - p(a)y_i'(a)y_j(b)] \\
&\quad -\int_a^b q(x)y_i(x)y_j(x)\,dx \\
&= -\int_a^b y_i(x)\frac{d}{dx}\left(p(x)\frac{dy_j(x)}{dx}\right)dx + \left[p(b)y_j'(b)y_i(b) - p(a)y_j'(a)y_i(b)\right] \\
&\quad -[p(b)y_i'(b)y_j(b) - p(a)y_i'(a)y_j(b)] - \int_a^b q(x)y_i(x)y_j(x)dx \\
&= \langle y_i, Ly_j\rangle + p(b)\left[y_j'(b)y_i(b) - y_i'(b)y_j(b)\right] \\
&\quad -p(a)\left[y_j'(a)y_i(a) - y_i'(a)y_j(a)\right] \\
&= \lambda_j\langle y_i, y_j\rangle + p(b)\left[y_j'(b)y_i(b) - y_i'(b)y_j(b)\right] \\
&\quad -p(a)\left[y_j'(a)y_i(a) - y_i'(a)y_j(a)\right]
\end{aligned}$$

이고

$$\begin{aligned}
(\lambda_i - \lambda_j)\langle y_i, y_j\rangle &= p(b)\left[y_j'(b)y_i(b) - y_i'(b)y_j(b)\right] \\
&\quad -p(a)\left[y_j'(a)y_i(a) - y_i'(a)y_j(a)\right]
\end{aligned} \tag{8.16}$$

이다.

그런데 정칙인 S-L 문제 (7.29)에 대해서 경계점 b에 대응하는 경계조건은 다음과 같은 연립방정식으로 주어진다.

$$\begin{aligned}
d_1y_i(b) + d_2y_i'(b) &= 0, \\
d_1y_j(b) + d_2y_j'(b) &= 0, \quad d_1^2 + d_2^2 = 0.
\end{aligned}$$

경계점 a에 대응하는 경계조건도 마찬가지다. 따라서 $(\lambda_i - \lambda_j)\langle y_i, y_j\rangle = 0$이다. 그런데 $\lambda_i - \lambda_j \neq 0$이므로 $\langle y_i, y_j\rangle = 0$이다.

주기적인 S-L문제에 대해서는, $p(a) = p(b)$이고 $y_k(a) = y_k(b)$이며 $k = i, j$에 대해서 $y_k'(a) = y_k'(b)$이므로, 식 (8.16)의 우변이 0이 된다. 따라서 $\langle y_i, y_j \rangle = 0$이다.

S-L 특이문제에 대해서는, $p(a) = 0$ 또는 $p(b) = 0$이거나 $p(a) = p(b) = 0$이므로, 식 (8.16)의 우변이 0이 되어$\langle y_i, y_j \rangle = 0$이다. 그 이유는 $p(a) = 0$인 경우에 a에 대응하는 경계조건은 생략하기 때문이다. ■

다음 예제들을 통해서 고유함수들의 직교성에 대해서 좀 더 자세히 알아보도록 하겠다.

[예제 8.1] 예제 7.5에서 주어진 정칙인 스텀-리우빌 문제

$$\begin{cases} y'' + \lambda y = 0, & (x \in (0, a), \\ y(0) = y(a) = 0. \end{cases} \tag{8.17}$$

고유벡터들이 서로 직교임을 보여라.

증명 예제 7.5에서 문제 (8.17)의 고유값과 고유벡터가

$$\lambda_k = \left(\frac{k\pi}{a}\right)^2, \quad y_k(x) = \sin\left(\frac{k\pi x}{a}\right), \quad (k \in \mathbb{N})$$

임을 보였다. 여기서 $m, n \in \mathbb{N}$이고 $m \neq n$이면, $r \equiv 1$이므로, 관계식

$$\begin{aligned} \langle y_m(x), y_n(x) \rangle &= \int_0^a \sin\left(\tfrac{m\pi x}{a}\right) \sin\left(\tfrac{n\pi x}{a}\right) dx \\ &= \int_0^a \left[\cos\left(\tfrac{m-n}{a}\pi x\right) - \cos\left(\tfrac{m+n}{a}\pi x\right)\right] \\ &= \left[\tfrac{a}{(m-n)\pi} \sin\left(\tfrac{m-n}{a}\pi x\right) - \tfrac{a}{(m+n)\pi} \sin\left(\tfrac{m+n}{a}\pi x\right)\right]_0^a \\ &= 0 \end{aligned}$$

에 의해서 y_m과 y_n이 서로 직교임을 알 수 있다. ■

[예제 8.2] $m = 1, 2, \ldots$과 $n = 0, 1, 2, \ldots$에 대해서 다음이 성립함을 증명하라.

(a) $\int_{-\pi}^{\pi} \cos nx \cos mx dx = \begin{cases} \pi, & \text{if} \quad m = n, \\ 0 & \text{if} \quad m \neq n. \end{cases}$

(b) $\int_{-\pi}^{\pi} \sin nx \sin mx dx = \begin{cases} \pi, & \text{if} \quad m = n, \\ 0 & \text{if} \quad m \neq n. \end{cases}$

(c) $\int_{-\pi}^{\pi} \sin nx \cos mx dx = 0.$

(d) 삼각함수 $\frac{\cos kt}{\sqrt{\pi}}$와 $\frac{\sin kt}{\sqrt{\pi}}$가 모두 구간 $[-\pi, \pi]$에서 단위 길이를 갖는다.

증명 관계식

$$\begin{cases} \cos(n+m)x &= \cos nx \cos mx - \sin nx \sin mx, \\ \cos(n-m)x &= \cos nx \cos mx + \sin nx \sin mx \end{cases}$$

에 의해서

$$\cos nx \cos mx = \frac{1}{2}\left[\cos(n+m)x + \cos(n-m)x\right], \tag{8.18}$$

$$\sin nx \sin mx = \frac{1}{2}\left[\cos(n-m)x - \cos(n+m)x\right] \tag{8.19}$$

임을 알 수 있다.

(a) 관계식 (8.18)로 부터

$$\begin{aligned} \int_{-\pi}^{\pi} \cos nx \cos mx\, dx &= \tfrac{1}{2} \int_{-\pi}^{\pi} \left[\cos(n+m)x + \cos(n-m)x\right] dx \\ &= \begin{cases} \pi, & \text{if} \quad m = n, \\ 0 & \text{if} \quad m \neq n \end{cases} \end{aligned}$$

을 얻는다.

(b) 관계식 (8.19)로 부터

$$\begin{aligned} \int_{-\pi}^{\pi} \sin nx \sin mx\, dx &= \tfrac{1}{2} \int_{-\pi}^{\pi} \left[\cos(n-m)x - \cos(n+m)x\right] dx \\ &= \begin{cases} \pi, & \text{if} \quad m = n, \\ 0 & \text{if} \quad m \neq n \end{cases} \end{aligned}$$

을 얻는다.

(c) 관계식

$$\sin nx \cos mx = \frac{1}{2}\left[\sin(n+m)x - \sin(n-m)x\right]$$

에 의해서

$$\int_{-\pi}^{\pi} \sin nx \cos mx \, dx = \frac{1}{2}\int_{-\pi}^{\pi} \left[\sin(n+m)x - \sin(n-m)x\right] dx = 0$$

를 얻는다.

(d) 그리고 $n = 0, 1, 2, \ldots$에 대해서

$$\left\langle \frac{\cos nx}{\sqrt{\pi}}, \frac{\cos nx}{\sqrt{\pi}} \right\rangle = \frac{1}{\pi}\int_{-\pi}^{\pi} (\cos nx)^2 \, dx = 1$$

이고, $m = 1, 2, \ldots$에 대해서

$$\left\langle \frac{\sin mx}{\sqrt{\pi}}, \frac{\sin mx}{\sqrt{\pi}} \right\rangle = \frac{1}{\pi}\int_{-\pi}^{\pi} (\sin mx)^2 \, dx = 1$$

임을, (a)와 (b)를 통해서, 쉽게 알 수 있다. ■

[예제 8.3] 다음 등식이 성립함을 증명하라.

$$\int_{-\pi}^{\pi} e^{imt} e^{-int} dt = \begin{cases} 2\pi, & \text{if} \quad m = n, \\ 0 & \text{if} \quad m \neq n. \end{cases}$$

증명

$$\begin{aligned} \int_{-\pi}^{\pi} e^{imt} e^{-int} dt &= \int_{-\pi}^{\pi} e^{i(m-n)t} dt \\ &= \begin{cases} 2\pi & \text{if} \quad m = n, \\ \frac{1}{i(m-n)}\left[e^{i(m-n)t}\right]_{\pi}^{\pi} & \text{if} \quad m \neq n \end{cases} \\ &= \begin{cases} 2\pi, & \text{if} \quad m = n, \\ 0 & \text{if} \quad m \neq n. \end{cases} \end{aligned}$$

■

[예제 8.4] 예제 8.3에서 주기적인 S-L 문제

$$\begin{cases} y'' + \lambda y &= 0, \quad (x \in (-\pi, \pi)), \\ y(-\pi) &= y(\pi), \\ y'(-\pi) &= y'(\pi). \end{cases}$$

에 대한 고유값과 고유벡터가

$$\lambda_k = k^2, \quad y_k(x) = \alpha_k \cos kx + \beta_k \sin kx, \quad (k = 0, 1, 2, \ldots)$$

로 주어진다는 것을 알았다. 여기서 $r \equiv 1$이므로, 집합 $\{y_k : k = 0, 1, 2, \ldots\}$ 이 서로 직교라는 사실은 예제 8.3을 통해서 쉽게 알 수 있다. □

[예제 8.5] 르장드르 다항함수와 베셀-함수들의 수직성을 증명하는 일은 ODE-과정에서 자세히 다루기 때문에 여기서는 생략하기로 한다. 실제로 르장드르 다항함수들은

$$\int_{-1}^{1} P_m(x) P_n(x)\, dx = \begin{cases} 0, & \text{if} \quad m \neq n, \\ \frac{2}{2n+1}, & \text{if} \quad m = n \end{cases}$$

인 성질을 갖고, 베셀-함수들은, J_n이 n-차 베셀-함수이고 z_{ni}가 J_n의 i-번째 양수 근일 때, 다음 성질을 갖는다.

$$\int_{0}^{1} x J_n(z_{ni}x) J_n(z_{nj}x)\, dx = \begin{cases} 0, & \text{if} \quad m \neq n, \\ \frac{1}{2} \left[J_{n+1}(z_{ni}x)\right]^2, & \text{if} \quad m = n. \end{cases}$$

8.4 스텀-리우빌 문제의 고유함수 전개식

수 $k = 0, 1, 2, \ldots$에 대해서 고유벡터 y_k는 y_k를 길이 $\|y_k\|$로 나눔으로써 길이가 1인 단위벡터로 정규화(normalize) 시킬 수 있다. 예를 들면, 구간 $[-\pi, \pi]$에서 정의된 함수 $\frac{\cos kt}{\sqrt{\pi}}$와 $\frac{\sin kt}{\sqrt{\pi}}$는 모두 단위함수들이다.

[정의 8.3] 스텀-리우빌 문제 (7.29)의 해 $f : (a, b) \to \mathbb{R}$가 고유함수 전개식(eigen-function expansion)을 갖는다는 것은, $\{y_k(x) : k = 0, 1, 2, \ldots\}$가 문제 (7.29)에 대응하는 정규화된 고유벡터(고유함수)들일 때, 적당한 상수 $c_0, c_1, c_2, \ldots$가 존재해서

$$f(x) \approx \sum_{k=0}^{\infty} c_k y_k(x) \tag{8.20}$$

로 전개된다는 것을 뜻한다. □

위 정의에서 $\approx$는 주어진 급수 $\sum_{k=0}^{\infty} c_k y_k(x)$ 가 수렴하느냐 않느냐 하는 문제는 무시된 채로 전개되었다는 것을 의미한다.

스텀-리우빌 문제 (7.29)에서 고유함수들의 집합 $\{y_k\}$가 사인-함수와 코사인-함수들로 이루어져 있을 때, (8.20)의 우변을 가리켜서 $f(x)$의 **푸리에 급수**(Fourier series)이라 한다.

고유함수들의 집합 $\{y_k\}$가 모두 르장드르-다항함수들이거나 아니면 모두 베셀-함수들로 이루어진 경우에는 (8.20)의 우변을 가리켜서 **르장드르-푸리에 급수** 또는 **베셀-푸리에 급수**라고 한다.

8.5 연습문제

1. 미분연산자

$$L = \frac{d^2}{dx^2} + 6\frac{d}{dx} + 9$$

에 대해서 다음에 답하여라.

(a) $L(e^{rx}) = (r+3)^3 e^{rx}$임을 보여라.

(b) (a)를 이용해서 $L(y) = 0$의 일반해를 구하라.

(c) 만약 z가 x와 매개변수 r의 함수, 즉 $z = z(x, r)$일 때 다음 등식이 성립함을 보여라.

$$\frac{\partial}{\partial r} L(z) = L\left(\frac{\partial z}{\partial r}\right).$$

(d) (c)를 이용해서 $z = e^{rx}$일 때 $L(\partial z / \partial r)$을 계산하라.

(e) (d)를 이용해서 $L(y) = 0$의 두 번째 해를 구하라.

2. 복소수 z가 실수계수를 갖는 n차 다항함수의 근이면 공액복소수 $\overline{z}$도 같은 다항함수의 근임을 증명하라.

3. 미분연산자

$$L = \frac{d}{dx}\left(p(x)\frac{d}{dx}\right) + q(x), \quad (p, q: \text{ 실함수})$$

에 대해서 다음 등식이 성립함을 보여라.

$$\overline{L(\phi)} = L(\overline{\phi}).$$

4. 4계 선형미분연산자 $L = \frac{d^4}{dx^4}$에 대해서 다음에 답하여라.

(a) $uL(v) - vL(u)$가 완전미분임을 보여라.

(b) 임의의 함수 u와 v에 대한 경계값 데이터를 써서 적분 $\int_0^1 [uL(v) - vL(u)]dx$를 계산하라.

(c) u와 v에 대한 경계조건들이 아래와 같이 주어져 있을 때 데이터를 써서 적분 $\int_0^1 [uL(v) - vL(u)]dx = 0$임을 보여라.

$$\phi(0) = \phi(1) = 0, \quad \phi'(0) = \phi'`(1) = 0.$$

(d) $\int_0^1 [uL(v) - vL(u)]dx = 0$인 성질을 만족하는 다른 경계조건들을 제시하라.

(e) 문제 (c)에서 주어진 경계조건들을 가진 고유값 문제

$$\frac{d^4\phi}{dx^4} + \lambda e^x \phi = 0$$

에 대해서 각기 다른 고유값에 대응하는 고유함수들끼리 서로소임을 보여라. 이때 가중함수는 무엇인가?

5. 다음 경계값 문제를 생각하자.

$$\begin{cases} \frac{\partial u}{\partial t} = k\frac{\partial^2 u}{\partial x^2} + Q(x,t); \\ u(0,t) = \frac{\partial u}{\partial x}(L,t) = 0, \quad u(x,0) = g(x). \end{cases}$$

(a) 주어진 문제의 해를 푸리에 급수해로 구하라.

(b) 시간변수 t에 관한 그린함수를 구하라.

(c) $Q(x,t) = Q(x)$인 경우에 (b)에서 극한 $t \to \infty$를 취하여 다음 경계값 문제에 대한 그린함수를 정하라.

$$\frac{d^2u}{dx^2}, \quad u(0) = \frac{du}{dx}(L) = 0.$$

6. 다음 경계값 문제를 생각하자.

$$\frac{d^2u}{dx^2} = f(x); \quad u(0) = \frac{du}{dx}(L) = 0.$$

(a) 주어진 문제를 직접 적분하여 풀어라.

(b) 주어진 문제를 매개변수 변환법으로 풀어라.

(c) 그린함수 $G(x, x_0)$를 정하라.

(d) 문제의 해를 푸리에 급수로 전개하라.

7. 다음 경계값 문제를 생각하자.

$$\frac{d^2u}{dx^2} + u = f(x); \quad u(0) = u(L) = 0.$$

(단, 모든 $n = 0, 1, 2, \ldots$에 대해서 $L \neq n\pi$이다.)

(a) 문제의 해를 매개개변수변환법으로 풀어라.

(b) 그린함수 $G(x,t)$을 정한후 해를 다음 형식으로 구하라.

$$u(x) = \int_0^L f(t)G(x,t)dt.$$

부 록

그리스 문자

문자명	대문자	소문자	문자명	대문자	소문자
Alpha	A	α	Nu	N	ν
Beta	B	β	Xi	Ξ	ξ
Gamma	Γ	γ	Omicron	O	o
Delta	Δ	δ	Pi	Π	π
Epsilon	E	ϵ	Rho	P	ρ
Zeta	Z	ζ	Sigma	Σ	σ
Eta	H	η	Tau	T	τ
Theta	Θ	θ	Upsilon	Υ	υ
Iota	I	ι	Phi	Φ	ϕ
Kappa	K	κ	Chi	X	χ
Lambda	Λ	λ	Psi	Ψ	ψ
Mu	M	μ	Omega	Ω	ω

기 호 표

기 호	의 미
$\in$	원소다(구성원이다)
$\notin$	원소가 아니다(구성원이 아니다)
$A \subseteq B$	A가 B의 부부집합이다
$\not\subseteq$	A가 B의 부부집합이 아니다
$P \Rightarrow Q$	P이면 Q이다
$P \Leftrightarrow Q$	P일 필요충분조건은 Q이다
$\forall$	임의의(for all)
$\exists$	존재한다
s. t. (s. t.)	다음과 같은 조건을 만족하는
(a, b)	열린구간
$[a, b]$	닫힌구간
$[a, b)$, $(a, b]$	반열린구간
$(a, +\infty)$, $(-\infty, a)$	열린 반직선
$[a, +\infty)$, $(-\infty, a]$	닫힌 반직선
$A \cup B$	A와 B의 합집합
$A \cap B$	A와 B의 교집합
$A - B$	A와 B의 차집합
$\cup_{\alpha\in\Lambda} U_\alpha$	첨수집합족 $\{U_\alpha \mid \alpha \in \Lambda\}$의 합집합
$\cap_{\alpha\in\Lambda} U_\alpha$	첨수집합족 $\{U_\alpha \mid \alpha \in \Lambda\}$의 교집합
$\sim$	동치관계
$\simeq$	대등한 관계(기수가 같다)
$\leq (\geq)$	순서관계
$\cong$	위상동형의 관계

기 호	의 미
$X \times Y$	두 집합 X와 Y의 곱집합
$\prod_{i=1}^{n} X_i = X_1 \times X_2 \times \cdots \times X_n$	집합 $X_1, X_2, \ldots, X_n$의 곱집합
$\prod_{\alpha \in \Lambda} X_\alpha$	집합족 $\{X_\alpha \mid \alpha \in \Lambda\}$의 곱집합
$\mathbb{Z}$	정수 전체집합
$\mathbb{N} = \mathbb{Z}_+$	자연수(양의 정수) 전체집합
$\mathbb{Z}_-$	음의 정수 전체집합
$\mathbb{Q}$	유리수 전체집합
$\mathbb{Q}_+$	양의 유리수 전체집합
$\mathbb{Q}_-$	음의 유리수 전체집합
$\mathbb{R}$	실수 전체집합
$\mathbb{R}_+$	양의 실수 전체집합
$\mathbb{R}_-$	음의 실수 전체집합
$\mathbb{R}^n$	n차원의 유클리드 실공간
$d(x, y)$	점 x와 y 사이의 거리
$B_d(x, r) = B_r(x)$	점 x를 중심으로 반경이 $r > 0$인 열린공
$\mathrm{I}nt(A) = \mathring{A}$	A의 내부(interior)
$\mathrm{E}xt(A)$	A의 외부(exterior)
$\mathrm{c}l(A) = \overline{A}$	A의 닫힘(closure)
$\mathrm{b}d(A) = \partial(A)$	A의 경계(boundary)
A'	A의 극한점들의 전체 집합(도집합)
$f : X \to Y$	X에서 Y로 가는 함수
$f(A)$	함수 f에 의한 집합 A의 상
$f^{-1}(B)$	함수 f에 의한 집합 B의 역상
$f\|_A$	함수 f의 정의역을 A로 축소

참 고 문 헌

1. R. Dennemeyer, *Introduction to Partial Differential Equations and Boundary Value Problems*, McGraw-Hill, New York, 1968.

2. P. Duchateau, D. W. Zachman, *Partial Differential Equations–Schaum's Series*, McGraw-Hill, New York, 1986.

3. V. Grigoryan, *Partial Differential Equations*, University of California, Santa Barbara, 2010.

4. R. Haberman, *Applied Partial Differential Equations(5th Ed.)*, Pearson, Boston, 2013.

5. F. John, *Partial Differential Equations: Vol. 1 of Applied Mathematical Sci.*, Springer-Verlag, New York, 1982.

6. E. Miersemann, *Partial Differential Equations-Lecture Note*, Leipzig Univ., Germany, 2012.

7. M. A. Pinsky, *Partial Differential Equations and Boundary Value Problems with Applications*, Waveland Press, Illinois, 2003.

8. M. Renardy, R. C. Rogers, *An Introduction to Partial Differential Equations*, Springer-Verlag, New York, 2004.

9. H. Sagan, *Boundary and Eigenvalue Problems in Mathematical Physics*, J. Wisley & Sons Incs., New York, 1961.

10. I. Stakgold, *Green's Functions and Boundary Value Problems*, Wiley Interscience, New York, 1979.

찾아보기

경계값 문제, 160
경계조건, 55
계, 21
고계 편도함수, 14
고유값, 163
고유함수 전개법, 32
고유함수 전개식, 204
국소적인 역함수, 57
국소적인 해의 존재성, 82
그리스 문자, 212
그린 함수, 179
그린의 공식, 154
기울기 연산자, 19
기호표, 213
뉴우먼 경계조건, 109
다양체, 53, 80
다중 고유값, 165
다중지표, 17
단순 고유값, 165
대각합, 20
대칭형(symmetric form), 128
데이터, 161
디리클레 경계조건, 109
디리클레 정리, 118
라그랑 항등식, 154, 184
라플라스 방정식, 105
라플라스 연산자, 20
로빈의 경계조건, 109
르장드르-푸리에 급수, 204
르장드르의 고유값 문제, 193
매끄러운 곡선, 43
매끄러운 함수, 18
미분 연산자, 18
바이어스트라스 M-판정법, 139
반선형, 25
반선형 방정식, 60, 103
반쪽 푸리에 급수, 119
발산, 19
발산현상, 62
방향도함수, 17
버거 방정식, 66
법도함수, 19
법선벡터, 45
베셀 방정식, 197

베셀 연산자, 195
베셀 함수, 197
베셀-푸리에 급수, 204
변수미적분법, 32
변수분리법, 31, 135
병행조건, 103
복소수 푸리에 급수, 120
부적합 문제, 29, 30
분리 이론, 155
비선형, 26
비제차, 22
비특성적 곡선, 54
비특성적인 경계조건, 52, 66
사영된 특성선, 48
상미분방정식, 1
선형, 25
선형방정식, 88
선형방정식의 해법, 45
선형성, 21
섭동법, 31
수반, 154
수송방정식, 37, 47
수직, 198
스텀-리우빌 문제, 173
스텀-리우빌 이론, 153
스텀-리우빌 형, 163
스텀-리우빌의 특이문제, 193
스텀의 분리정리, 155
쌍곡선형, 23, 88, 105
안정상태의 방정식, 24
야코비 함수, 56
야코비 행렬식, 94
야코비언, 56
역함수 정리, 56
연쇄법칙, 13
열방정식, 105, 135
오일러-트리코미 방정식, 106
완전비선형 방정식, 70
유동방정식, 106
음속, 106
인과 기본함수, 182
자기수반, 154
자기수반형, 163
저음속, 106
적분곡면, 44, 47
적분곡선, 43, 46, 47
적분방정식법, 32
적분변환법, 31
적합한 문제, 29
전미분, 12
정칙 특이점, 194
제차 미분방정식, 21
제차 선형, 25
제차성, 22
좌표변환, 31
주기적인 경계조건, 109
준선형, 25, 108
준선형 방정식, 65
직교, 198
진동과 분리이론, 153

진동이론, 156
초기띠, 73
초음속, 106
코쉬-데이터, 87
코쉬-문제, 53, 55, 87
코쉬의 경계조건, 110
타원형, 23, 105
특성 방향벡터, 70
특성방정식, 104
특성방정식계, 47
특성선, 41, 43, 91, 104
특성선법, 43
특이점, 194
파동방정식, 105, 139
파스벌(Parseval)의 등식, 119
판별식, 88, 105
퍼텐셜 방정식, 106
편도함수, 11, 17
편미분방정식의 해, 27
포물선, 105
포물선형, 23, 88
표준형, 90, 93
푸리에 계수, 116
푸리에 급수, 115
푸리에 변환, 128
푸리에 변환(Fourier transform), 128
푸리에 사인 변환, 129
푸리에 역변환, 128
푸리에 적분, 125
푸리에 적분에 관한 동치정리, 127
푸리에 코사인 변환, 128
프레드홈 교대정리, 188
피코인 공식, 159
해의 유일성, 29
해의 존재성, 29
허용되는 조건, 73
헤시안 행렬, 20
혼합형, 106

adjoint, 154
admissible condition, 73

Bessel function, 197
boundary value problem, 160
Burger's inviscid equation, 2
Burgers' equation, 66

calculus of variations method, 32
Cauchy problem, 53
Cauchy-data, 87
causal fundamental function, 182
chain rule, 13
change of coordinates, 31
characteristic curve, 43, 91, 104
characteristic equation, 104
characteristic equations, 47
characteristic line, 41
characteristic vectors, 70
compatibility condition, 103

data, 161
differential operator, 18

directional derivative, 17
Dirichlet theorem, 118
Dirichlet's boundary, 109
divergence, 19

eigen-function expansion, 32, 204
eigenvalue, 163
elliptic, 23, 88
elliptic type, 105
Euler-Tricomi equation, 106

flow equation, 106
Fredholm altaniive, 188
fully non-linear, 70

gradient operator, 19
Green function, 179

Half-range Fourier series, 119
heat equation, 2, 105
Heaviside 함수, 181
Hessian matrix, 20
homogeneity, 22
homogeneous equation, 21
hyperbolic, 23, 88
hyperbolic type, 105

ill-posed problem, 29
initial strip, 73
integral curve, 43, 46
integral surface, 47
integral transforms, 31
intgral curve, 47
Inverse function theorem, 56

Jacobian, 56
Jacobian function, 56

KdV equation, 2

Lagrange identity, 184
Laplace equation, 2, 105
Laplacian, 20
linear, 25
linearity, 21
local inverse, 57

manifold, 53, 80
method of characteristics, 43
method of integral equations, 32
mixed type, 106
multi-index, 17
multiple eigenvalue, 165

Newman's boundary, 109
non-characteristic condition, 52
non-characteristic contition, 66
non-characteristic curve, 54
non-homogeneous, 22
nonlinear, 26
normal derivative, 19
normal vector, 45

order, 21
ordinary differential equation, 1
orthogonal, 198

parabolic, 23, 88
parabolic type, 105
partial derivatives, 11
pertubation method, 31
Picone formular, 159
potential equation, 106

quasi-linear equation, 65
quasilinear, 25, 108

regular singular point, 194
Robin's boundary, 109

scillation Theory, 156
self-adjoint, 154
self-adjoint form, 163
semi-linear, 103
semi-linear equation, 60
semilinear, 25
separation of variables, 31
separation theorem, 155
Shrodinger's equation, 2
simple eigenvalue, 165
singular point, 194
smooth curve, 43
smooth function, 18
smooth surface, 44
sonic, 106
steady-state equation, 24
Sturm Liouville theory, 153
Sturm-Liouville form, 163
subsonic, 106
supersonic, 106

total differential, 12
trace, 20
transport equation, 2, 37, 47

Wave equation, 105
wave equation, 2, 105
well-posed problem, 29

□ 저 자 약 력

1981년 2월	고려대학교 이과대학 수학과 졸업(이학사)
1983년 2월	고려대학교 대학원 수학과 졸업(이학석사)
1984년 1월	군복무 제대(예비역 육군 소위, 석사장교)
1994년 8월	University of Arizona 수학과 졸업(Ph. D.)
1994년 3월~현재	한신대학교 수리금융학과 교수
2012년~2013년	Rensselaer Polytechnic Institute(RPI, 뉴욕) 교환교수
주요활동 사항	(한신대학교) 사무처장, IT대학장 역임 (한신대학교) 교수협의회 의장 역임
저서	〈고등미적분학〉, 〈미분방정식〉, 〈위상수학〉 〈일반위상수학〉, 〈편미분방정식〉, 〈측도론〉
공저	〈미분방정식 입문(2인)〉, 〈미분적분학(4인)〉
역서	〈선형대수학 입문(4인 공역)〉
e-mail	chyang83@gmail.com / chyang@hs.ac.kr

편미분방정식

초판발행 2023년 2월 24일

지은이 양춘우
펴낸이 오판근
펴낸곳 (주) 교우
주　소 서울시 동대문구 약령시로 8 교우빌딩 2층 (주)교우
전　화 02-925-2861 / **팩　스** 02-925-2860, **편집부** 02-925-2825
홈페이지&북스토어 www.kyowoo.co.kr / **이메일** kyowoo@kyowoo.co.kr

등　록 1994년 3월 24일 제1994-000013호
ISBN 979-11-251-0373-8 (93410)

Published by Kyowoo Co., Ltd. Printed in Korea

(주) 교우는 보다 혁신적이고 참신한 도서를 다양하게 기획하고 있습니다.
책으로 펴내고자 하는 아이디어나 원고는 메일로 보내주세요.
(주) 교우는 전과정을 책임지고 최선을 다하겠습니다.

값 20,000원

교우미디어는 (주) 교우의 Imprint 사입니다.
수학정원·과학정원은 (주) 교우의 새로운 브랜드명입니다.

잘못된 책은 구입하신 서점에서 교환해 드립니다.